高职高专交通土建类系列规划教材

基础工程（第2版）

JICHU GONGCHENG

主　编　杨爱武
副主编　吴智慧　沈晓燕
主　审　朱新实

合肥工业大学出版社

前　　言

本教材(第二版)修正了第一版中文字的错漏,对照《公路桥涵设计通用规范》(JTG D60—2015)对学习项目1进行了调整,结合桥梁生产过程中使用的新了技术更新部分教材内容。

本教材学习项目1安徽交通职业技术学院李菊编写;学习项目2由安徽交通职业技术学院吴智慧编写;学习项目3由安徽交通职业技术学院杨爱武编写;学习项目4由安徽交通职业技术学院沈晓燕编写;学习项目5由安徽交通职业技术学院汪伟伟编写。全书由安徽省公路局总工程师朱新实主审。

限于编者水平及能力,书中错误及不足在所难免,恳请读者提出宝贵意见。

编　者

2018年5月

第一版前言

为全面贯彻落实《教育部关于全面提高高等职业教育教学质量的若干意见》(教高〔2006〕16号)精神,加快高技能应用型人才的培养步伐,促进人才培养模式改革,安徽交通职业技术学院土木工程系以提高学生的职业能力为根本目标,组织编写了相关配套教改教材。

本教材围绕基础理论知识,适度突出技术应用,结合行业新标准新规范、工程施工新技术新工艺组织课程内容。教材第一章由安徽交通职业技术学院章劲松编写;第二章由安徽交通职业技术学院吴智慧编写;第三章由安徽交通职业技术学院杨爱武编写;第四章由安徽交通职业技术学院沈晓燕编写;第五章由安徽交通职业技术学院汪伟伟编写;实验指导部分由安徽交通职业技术学院许建斌编写。全书由安徽省公路局总工程师朱新实主审。

在本教材编写过程中,我们得到了系校本教材编审委员会的有力指导,受到了中交三公局第二工程公司卢云发,安徽省公路桥梁工程公司江仲明、石怀远的热情帮助,在此一并表示衷心感谢!

限于编者水平及能力,书中错误及不足在所难免,恳请读者提出宝贵意见。

编　者

2011年4月

目　　录

学习项目 1 基础知识

任务 1－1 课程介绍

【学习目标】

通过本任务的学习，要求学生熟悉以下内容：

1. 了解基础的工程特性及分类。
2. 了解基础工程设计和施工所需的原始资料。
3. 了解基础工程发展概况。

【学习内容】

一、基础的工程特性及分类

任何建筑物都建造在一定的地层上，建筑物的全部作用都由它下面的地层来承担。受建筑物影响的地层称为地基，建筑物与地基接触的部分称为基础，地基与基础示意图如图 1－1 所示。桥梁工程为建筑物中的一类，包括上部结构和下部结构，下部结构包括桥墩、桥台及其基础，桥梁结构各部分立面示意图如图 1－2 所示。

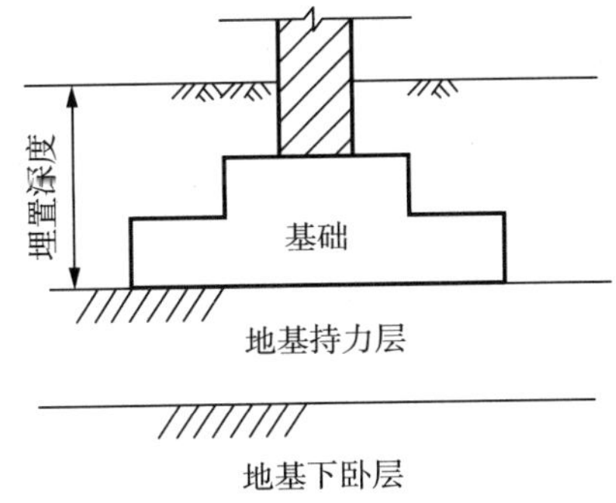

图 1－1 地基与基础示意图

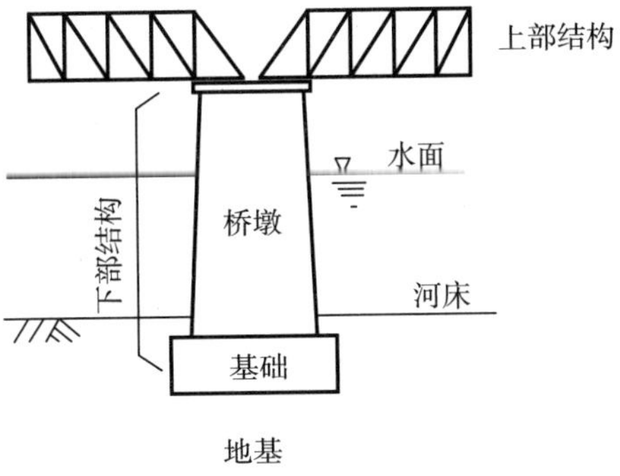

图 1－2 桥梁结构各部分立面示意图

根据工程地质情况、上部结构的要求、作用特点和施工技术水平，桥梁可采用不同类型的地基和基础。

地基分为天然地基与人工地基两类，前者是不加处理直接用作建筑物地基的天然土层或岩层，后者是由于天然地层土质过于松软或存在不良工程地质问题，需要经过处理以后才能满足作为建筑物地基要求的土层。应优先采用能满足基础修筑要求的天然地基。

根据埋置深度和施工方式的不同，基础又分为浅基础和深基础两类。所谓基础的埋置深度，对于建筑工程而言，是指基础底面到地面的竖向距离；对于桥梁工程而言，是指在无冲刷时基础底面到河床面的距离，或在有冲刷时基础底面到局部冲刷线的距离。一般埋置深度小于 5m，用简单方法即可施工的基础称为浅基础；埋置深度大于 5m，施工较复杂的基础称为深基础。某些基础埋置在土层内深度虽较浅（小于 5m），但在水下部分较深，如深水中墩台基础，也应作为深基础考虑。

桥梁及各种人工构造物常采用天然地基上的浅基础；当需设置深基础时常采用桩基础或沉井基础，我国公路桥梁工程中应用最多的深基础是桩基础。目前我国公路桥梁工程中基础大多采用混凝土或钢筋混凝土结构，少部分用钢结构；在石料丰富的地区，为了易于就地取材，也常用石砌基础；只有在特殊情况下（如抢修、搭建临时便桥）采用木结构。

工程实践表明：建筑物地基与基础的勘察、设计和施工质量的优劣将直接影响到整个建筑物的安全、经济和正常使用。基础工程是隐蔽工程，如有缺陷，很难发现，且补救和修复非常困难；一旦失事，损失巨大。基础工程的施工进度，通常控制着整个建筑物的施工进度。基础工程的造价占整个建筑物总造价相当大的比例，尤其是在复杂的地质条件下或深水中修建基础更是如此。因此，对基础工程必须做到精心设计、精心施工。

二、基础工程设计和施工所需的原始资料

地基与基础的设计方案、计算中有关参数的选用，都需要根据当地的地质条件、水文条件、上部结构形式、作用特性、材料情况及施工要求等因素全面考虑。施工方案和方法也应该结合设计要求、现场地形、地质条件、施工技术设备、施工季节、气候和水文等情况来研究确定。因此，应在事前进行详细的调查研究，充分掌握必要的、符合实际情况的原始资料。

桥梁的地基与基础在设计及施工开始之前，除了应掌握有关全桥的资料（包括上部结构形式、跨径、作用、墩台结构等）及国家颁发的桥梁设计和施工技术规范外，还应注意地质、水文资料的搜集和分析，重视土质和建筑材料的调查与试验。主要应掌握的资料见表 1－1 所列，其中各项资料内容范围可根据桥梁工程规模、重要性及建桥地点工程地质、水文条件的具体情况和设计阶段确定取舍。原始资料取得的方法和具体规定可参阅工程地质、土质学与土力学及桥涵水文等有关教材和手册。

表 1－1　基础工程设计和施工需要的有关调查资料

资料种类	资料主要内容	资料用途
1. 桥位平面图（或桥址地形图）	（1）桥位地形； （2）桥位附近地貌、地物； （3）不良工程地质现象的分布位置； （4）桥位与两端路线平面关系； （5）桥位与河道平面关系	（1）桥位的选择、下部结构位置的研究； （2）施工现场的布置； （3）地质概况的辅助资料； （4）河岸冲刷及水流方向改变的估计； （5）墩台、基础防护构造物的布置
2. 桥位工程地质勘测报告及工程地质纵剖面图	（1）桥位地质勘测调查资料，包括河床地层分层土（岩）类及岩性、层面高程、钻孔位置及钻孔柱状图； （2）地质、地史资料的说明； （3）不良工程地质现象及特殊地貌的调查勘测资料	（1）桥位、下部结构位置的选定； （2）地基持力层的选定； （3）墩台高度、结构形式的选定； （4）墩台、基础防护构造物的布置

（续表）

资料种类		资料主要内容	资料用途
3. 地基土质调查试验报告		(1)钻孔资料； (2)覆盖层及地基土(岩)层状生成分布情况； (3)分层土(岩)层状生成分布情况； (4)作用试验报告； (5)地下水位调查	(1)分析和掌握地基的层状； (2)地基持力层及基础埋置深度的研究与确定； (3)地基各土层强度及有关计算参数的选定； (4)基础类型和构造的确定； (5)基础下沉量的计算
4. 河流水文调查报告		(1)桥位附近河道纵横断面图； (2)有关流速、流量、水位调查资料； (3)各种冲刷深度的计算资料； (4)通航等级、漂浮物、流冰调查资料	(1)确定根据冲刷要求基础的埋置深度； (2)桥墩身水平作用力计算； (3)施工季节、施工方法的研究
5. 其他调查资料	地震	(1)地震记录； (2)震害调查	(1)确定抗震设计强度； (2)抗震设计方法及措施； (3)地基土震动液化和坡岸滑移的分析研究
	建筑材料	(1)当地可采取、供应的建筑材料种类、数量、规格、质量、运距等； (2)当地工业加工能力、运输条件； (3)工程用水源调查	(1)下部结构材料种类确定； (2)当地供应材料的计划安排
	气象	(1)当地气象台关于气温、降水、风等记录资料； (2)实地调查采访记录	(1)气温变化的确定； (2)基础埋置深度的确定； (3)风压的确定； (4)施工季节、方法的确定
	附近桥梁的调查	(1)附近桥梁结构形式、设计文件、现状； (2)地质、地基土(岩)性质； (3)河道变动、冲刷、淤积情况； (4)运营情况及墩台变形情况	(1)掌握桥位地点地质、土质情况； (2)基础埋置深度参考； (3)河道冲刷及变动情况参考
	施工调查资料	(1)地质、地形、气象、地下水位、地形图、地区条件以及测量控制网； (2)批准的基本建设计划、投资期限、投资指标、管理部门的批件； (3)初步设计或技术设计,已批准的总概算； (4)工程开、竣工时间以及与其他项目穿插施工的要求； (5)国家及建设地区现行的有关规范、规程、规定及定额； (6)有关技术新成果和类似工程的经验资料	(1)施工方法、季节确定； (2)施工用地的布置； (3)材料、设备供应、运输方案的拟订； (4)工程动力及临时设施的规划； (5)施工临时结构的规划

三、基础工程学科发展概况

基础工程与其他技术学科一样，是在人类长期的生产实践中不断发展起来的。在世界各国数千年前的建筑活动中，就有很多关于基础工程的工艺技术成就，但由于当时受社会生产力和技术条件的限制，在相当长的时期内发展很缓慢，仅停留在经验积累的感性认识阶段。国外在 18 世纪产业革命以后，城建、水利、道路建筑规模的扩大促使人们对基础工程的重视与研究，对有关问题开始寻求理论上的解答。在此阶段作为本学科的理论基础的土力学方面，如土压力理论、土的渗透理论等有局部的突破，基础工程也随着工业技术的发展而得到新的发展，如 19 世纪中叶利用气压沉箱法修建深水基础。20 世纪 20 年代，基础工程有比较系统、完整的专著问世；1936 年召开第一届国际土力学与基础工程会议后，土力学与基础工程作为一门独立的学科取得不断的发展。20 世纪 50 年代起，现代科学新成就的渗入，使基础工程技术与理论得到更进一步的发展与充实，成为一门较成熟的独立的现代学科。

我国是一个具有悠久历史的文明古国，我国古代劳动人民在基础工程方面，也早就表现出高超的技艺和创造才能。例如，早在 1400 多年前，隋朝修建的赵州安济石拱桥，不仅在建筑结构上有独特的技艺，而且在地基基础的处理上也非常合理。该桥桥台坐落在较浅的密实粗砂土层上，沉降很小，现反算其基底压应力约为 500～600kPa，与现行的各设计规范中所采用的该土层承载力的容许值(550kPa)极为接近。

国外近年来基础工程科学技术发展也较快，一些国家采用了概率极限状态设计方法，将高强度预应力混凝土应用于基础工程，基础结构向薄壁、空心、大直径发展，采用的管柱直径达 6m，沉井直径达 80m(水深 60m)，并以大口径磨削机对基岩进行处理，在水深流速较大处采用水上自升式平台进行沉桩(管柱)施工等。

基础工程既是一项古老的工程技术又是一门年轻的应用科学，发展至今在设计理论和施工技术及测试工作中都存在不少有待进一步完善和解决的问题。随着我国现代化建设和大型建筑物的发展，将对基础工程提出更高的要求，我国基础工程科学技术可着重开展以下工作：地基的强度、变形特性的基本理论研究；各类基础形式设计理论和施工方法的研究。

【学习实践】

1. 请大家通过 PPT 制作一组图片，介绍土木工程结构中的基础。
2. 请大家查找与基础工程设计、施工等有关的规范和技术标准，列举出它们的名称。

【实践过程】

【学习心得】

通过本任务的学习，我的体会有……………………………………………………………………

……………………………………………………………………………………………………。

任务 1－2　基础工程设计计算的原则

【学习目标】

通过本任务的学习，要求学生熟悉以下内容：

1. 了解极限状态的定义。
2. 掌握作用的定义、分类、代表值、作用效应的组合。
3. 掌握基础工程按照极限状态设计计算的原则。

【学习内容】

一、结构的极限状态

目前，以结构可靠性理论为基础的概率极限状态设计法已经成为公路工程结构设计的总原则。根据国际上一致看法，结构可靠性是指结构在规定的时间内，在规定的条件下，完成预定功能的能力。度量结构可靠性的数量指标称为结构可靠度。把影响结构可靠性的各种因素视为随机变量，以大量现场实测资料和试验数据为基础，运用统计学的方法，寻求各种变量的统计规律，确定结构的可靠度（或失效概率）来度量结构可靠性，通常称为"可靠度设计法"，而将其应用于结构的极限状态设计则称为"概率极限状态设计法"。

结构在使用期间的工作情况，称为结构的工作状态。

结构能够满足各项功能要求而良好地工作，称为结构"可靠"。反之称为结构"失效"。结构的工作状态是"可靠"还是"失效"的标志用"极限状态"来衡量。

当整个结构或结构的一部分超过某一特定状态就不能满足设计规定的某一功能要求，此特定状态称为该功能的极限状态。

国际标准化组织（ISO）和我国各专业颁布的统一标准将极限状态分为承载能力极限状态和正常使用极限状态两类。

承载能力极限状态对应于结构或结构构件达到最大承载力或不适于继续承载的变形的状态；正常使用极限状态则对应于结构或结构构件达到正常使用或耐久性能的某项规定限值的状态。

我国现行的《公路桥涵地基与基础设计规范》（JTG D63—2007）根据地基的变形性质，明确将地基设计定位于正常使用极限状态，相应的作用采用短期效应组合或长期效应组合。地基承载力计算时，承载力的选取以不出现长期塑性变形，同时考虑相应于承载力的地基变形与结构构件的变形具有不同的功能，作用不采用构件变形计算的短期效应组合，而取用短期效应标准值组合。基础沉降计算时，则不仅考虑结构自重力对沉降有影响，而且在桥涵使用期内可变作用的准永久值持续时间很长，对沉降也有很大的影响，作用采用长期效应组合。对于基础设计，则按照承载能力极限状态和正常使用极限状态的设计。

二、作用及作用效应

1. 作用及其分类

桥梁的地基与基础承受着上部结构传递来的各种直接作用和间接作用，前者是指施加在结构上的集中力或分布力，如汽车、结构自重等，也可称为荷载；后者是指引起结构外加变形或约束变形等的原因，如地震、基础不均匀沉降、温度变化等。各种作用的特性不同，出现的概率也不同，并将实际可能出现的作用效应组合起来，确定设计时的计算作用效应。

根据时间的变异性和出现的可能性，公路桥涵设计时需考虑的作用分为永久作用、可变作用、偶然作用和地震作用四类，见表1-2。

一是永久作用。是指在设计基准期内始终存在且其量值变化与平均值相比可以忽略不计的作用，或其变化是单调的并趋于某个限值的作用。

二是可变作用。是指在设计基准期内其量值随时间而变化，且变化值与平均值相比不可忽略不计的作用。

三是偶然作用。是指在设计基准期内不一定出现，而一旦出现其量值很大，且持续时间很短的作用。

四是地震作用。

表1-2　作用分类

序号	分　类	名　称	序号	分　类	名　称
1	永久作用	结构重力(包括结构附加重力)	13	可变作用	人群荷载
2		预加力	14		疲劳荷载
3		土的重力	15		风荷载
4		土侧压力	16		流水压力
5		混凝土收缩、徐变作用	17		冰压力
6		水浮力	18		波浪力
7		基础变位作用	19		温度(均匀温度和梯度温度)作用
8	可变作用	汽车荷载	20		支座摩阻力
9		汽车冲击力	21	偶然作用	船舶的撞击作用
10		汽车离心力	22		漂流物的撞击作用
11		汽车引起的土侧压力	23		汽车撞击作用
12		汽车制动力	24	地震作用	地震作用

对在水下的土中结构物和地基土受到水的浮力可按下列规定采用：

(1)基础底面位于透水性地基上的桥梁墩台，当验算稳定性时，应考虑设计水位的浮力；当验算地基承载力时，可仅考虑低水位的浮力，或不考虑水的浮力。

(2)基础嵌入不透水性地基的桥梁墩台可不考虑水的浮力。

(3)作用在桩基承台底面的浮力，应考虑全部底面积。对桩嵌入不透水地基并灌注混凝土封闭者，不应考虑桩的浮力，在计算承台底面浮力时应扣除桩的截面面积。

(4)当不能肯定地基是否透水时，应以透水或不透水两种情况与其他作用组合，取其最不利者。

2. 作用的代表值

公路桥涵设计时，对不同的作用应按下列规定采用不同的代表值：

1)永久作用的代表值为其标准值

永久作用标准值可根据统计、计算，并结合工程经验综合分析确定。

2)可变作用的代表值包括标准值、组合值、频遇值和准永久值

组合值、频遇值和准永久值可通过可变作用的标准值分别乘以组合值系数 ψ_c、频遇值系数 ψ_f和准永久值系数 ψ_q来确定。

3)偶然作用取其设计值作为代表值

可根据历史记载、现场观测和试验，并结合工程经验综合分析确定，也可根据有关标准的专门规定确定。

4)地震作用的代表值为其标准值

地震作用的标准值应根据现行《公路工程抗震设计规范》(JTG B02—2013)的规定确定。

3. 作用效应组合

上述的各种作用不会在同样条件下同时出现在桥涵结构上，发生的概率也不尽相同。因此，公路桥涵结构设计应考虑结构上可能同时出现的作用，按承载能力极限状态、正常使用极限状态进行作用组合，均应按下列原则取其最不利组合效应进行设计：

1)作用组合效应的原则

(1)只有在结构上可能同时出现的作用，才进行组合。当结构或结构构件需做不同受力方向的验算时，应以各个方向的最不利的作用组合效应进行计算。

(2)当可变作用的出现对结构或结构构件产生有利影响时，该作用不应参与组合。实际不可能同时出现的作用或同时参与组合概率很小的作用，按表 1-3 规定不考虑其参与组合。

表 1-3 可变作用不同时组合表

作用名称	不与该作用同时参与组合的作用
汽车制动力	流水压力、冰压力、波浪力、支座摩阻力
流水压力	汽车制动力、冰压力、波浪力
波浪力	汽车制动力、流水压力、冰压力
冰压力	汽车制动力、流水压力、波浪力
支座摩阻力	汽车制动力

(3)施工阶段的作用组合，应按计算需要及结构所处条件而定，结构上的施工人员和施工机具设备均应作为可变作用加以考虑。组合式桥梁，当把底梁作为施工支撑时，作用组合效应宜分两个阶段计算，底梁受荷为第一阶段，组合梁受荷为第二阶段。

(4)多个偶然作用不同时参与组合。

(5)地震作用不与偶然作用同时参与组合。

2)公路桥涵结构按承载能力极限状态设计时，对持久设计状况和短暂设计状况应采用作用的基本组合，对偶然设计状况应采用作用的偶然组合，对地震设计状况应采用作用的地震组合，并应符合下列规定：

(1)基本组合

永久作用设计值与可变作用设计值相组合。

① 作用基本组合的效应设计值可按下式计算：

$$S_{ud}=\gamma_0 S\left(\sum_{i=1}^{m}\gamma_{Gi}G_{ik},\gamma_{Q1}\gamma_L Q_{1k},\psi_c\sum_{j=2}^{n}\gamma_{Lj}\gamma_{Qj}Q_{jk}\right) \tag{1-1}$$

或

$$S_{ud}=\gamma_0 S\left(\sum_{i=1}^{m}G_{id},Q_{1d},\sum_{j=2}^{n}Q_{jd}\right) \tag{1-2}$$

其中，S_{ud}—— 承载能力极限状态下作用基本组合的效应设计值。

$S(\cdot)$—— 作用组合的效应函数。

γ_0—— 结构重要性系数，按表1-4规定的结构设计安全等级采用，按持久状况和短暂状况承载能力极限状态设计时，公路桥涵结构设计安全等级应不低于表1-4的规定，对应于设计安全等级一级、二级和三级分别取1.1、1.0和0.9。

表1-4 公路桥涵结构设计安全等级

设计安全等级	破坏后果	适用对象
一级	很严重	各等级公路上的特大桥、大桥、中桥； 高速公路、一级公路、二级公路、国防公路及城市附近交通繁忙公路上的小桥
二级	严重	三、四级公路上的小桥； 高速公路、一级公路、二级公路、国防公路及城市附近交通繁忙公路上的小桥
三级	不严重	三、四级公路上的涵洞

注：本表所列特大、大、中桥等系按表1-5中的单孔跨径确定，对多跨不等跨桥梁，以其中最大跨径为准。

表1-5 桥梁涵洞分类

桥涵分类	多孔跨径总长 L(m)	单孔跨径 L_k(m)
特大桥	$L>1000$	$L_k>150$
大桥	$100\leqslant L\leqslant 1000$	$40\leqslant L_k\leqslant 150$
中桥	$30<L<100$	$20\leqslant L_k<40$
小桥	$8\leqslant L\leqslant 30$	$5\leqslant L_k<20$
涵洞	—	$L_k<5$

γ_{Gi}——第 i 个永久作用的分项系数，应按表1-6的规定采用。

表 1-6　永久作用的分项系数

<table>
<tr><th rowspan="2">序号</th><th rowspan="2" colspan="2">作用类别</th><th colspan="2">永久作用分项系数</th></tr>
<tr><th>对结构的承载能力不利时</th><th>对结构的承载能力有利时</th></tr>
<tr><td rowspan="2">1</td><td colspan="2">混凝土和圬工结构重力(包括结构附加重力)</td><td>1.2</td><td rowspan="2">1.0</td></tr>
<tr><td colspan="2">钢结构重力(包括结构附加重力)</td><td>1.1 或 1.2</td></tr>
<tr><td>2</td><td colspan="2">预加力</td><td>1.2</td><td>1.0</td></tr>
<tr><td>3</td><td colspan="2">土的重力</td><td>1.2</td><td>1.0</td></tr>
<tr><td>4</td><td colspan="2">混凝土的收缩及徐变作用</td><td>1.0</td><td>1.0</td></tr>
<tr><td>5</td><td colspan="2">土侧压力</td><td>1.4</td><td>1.0</td></tr>
<tr><td>6</td><td colspan="2">水的浮力</td><td>1.0</td><td>1.0</td></tr>
<tr><td rowspan="2">7</td><td rowspan="2">基础变位作用</td><td>混凝土和圬工结构</td><td>0.5</td><td>0.5</td></tr>
<tr><td>钢结构</td><td>1.0</td><td>1.0</td></tr>
</table>

G_{ik},G_{id}——第 i 个永久作用的标准值和设计值。

γ_{Q1}——汽车荷载(含汽车冲击力、离心力)的分项系数。采用车道荷载计算时取 $\gamma_{Q1}=1.4$,采用车辆荷载计算时,其分项系数取 $\gamma_{Q1}=1.8$。当某个可变作用在组合中其效应值超过汽车荷载效应时,则该作用取代汽车荷载,其分项系数取 $\gamma_{Q1}=1.4$;对专为承受某作用而设置的结构或装置,设计时该作用的分项系数取 $\gamma_{Q1}=1.4$;计算人行道板和人行道栏杆的局部荷载,其分项系数也取 $\gamma_{Q1}=1.4$。

Q_{1k},Q_{1d}——汽车荷载(含汽车冲击力、离心力)的标准值和设计值。

γ_{Qj}——在作用组合中除汽车荷载(含汽车冲击力、离心力)、风荷载外的其他第 j 个可变作用的分项系数,取 $\gamma_{Qj}=1.4$,但风荷载的分项系数取 $\gamma_{Qj}=1.1$。

Q_{jk},Q_{jd}——在作用组合中除汽车荷载(含汽车冲击力、离心力)外的其他第 j 个可变作用的标准值和设计值。

ψ_c——在作用组合中除汽车荷载(含汽车冲击力、离心力)外的其他可变作用的组合系数,取 $\psi_c=0.75$。

$\psi_c Q_{jk}$——在作用组合中除汽车荷载(含汽车冲击力、离心力)外的第 j 个可变作用的组合值。

γ_{Lj}——第 j 个可变作用的结构设计使用年限荷载调整系数。公路桥涵结构的设计使用年限按现行《公路工程技术标准》(JTG B01—2014)取值时,可变作用的设计使用年限荷载调整系数取 $\gamma_{Lj}=1.0$;否则,γ_{Lj} 取值应按专题研究确定。

② 当作用与作用效应可按线性关系考虑时,作用基本组合的效应设计值 S_{ud} 可通过作用效应代数相加计算。

③ 设计弯桥时,当离心力与制动力同时参与组合时,制动力标准值或设计值按 70% 取用。

(2) 偶然组合

永久作用标准值与可变作用某种代表值、一种偶然作用设计值相组合;与偶然作用同时出现的可变作用,可根据观测资料和工程经验取用频遇值或准永久值。

① 作用偶然组合的效应设计值可按下式计算：

$$S_{ad}=S(\sum_{i=1}^{m}G_{ik},A_{d},(\psi_{f1}\text{ 或 }\psi_{q1})Q_{1k},\sum_{j=2}^{n}\psi_{qj}Q_{jk}) \tag{1-3}$$

其中，S_{ad}—— 承载能力极限状态下作用偶然组合的效应设计值。

A_{d}—— 偶然作用的设计值。

ψ_{f1}—— 汽车荷载(含汽车冲击力、离心力)的频遇值系数，取 $\psi_{f1}=0.7$；当某个可变作用在组合中其效应值超过汽车荷载效应时，则该作用取代汽车荷载，人群荷载 $\psi_{f}=1.0$，风荷载 $\psi_{f}=0.75$，温度梯度作用 $\psi_{f}=0.8$，其他作用 $\psi_{f}=1.0$。

$\psi_{f1}Q_{1k}$—— 汽车荷载的频遇值。

ψ_{q1},ψ_{qj}—— 第 1 个和第 j 个可变作用的准永久值系数，汽车荷载(含汽车冲击力、离心力)$\psi_{q}=0.4$，人群荷载 $\psi_{q}=0.4$，风荷载 $\psi_{q}=0.75$，温度梯度作用 $\psi_{q}=0.8$，其他作用 $\psi_{q}=1.0$。

$\psi_{q1}Q_{1k},\psi_{qj}Q_{jk}$—— 第 1 个和第 j 个可变作用的准永久值。

② 当作用与作用效应可按线性关系考虑时，作用偶然组合的效应设计值 S_{ad} 可通过作用效应代数相加计算。

(3) 作用地震组合的效应设计值应按现行《公路工程抗震规范》(JTG B02—2013) 的有关规定计算。

3) 公路桥涵结构按正常使用极限状态设计时，应根据不同的设计要求，采用作用的频遇组合或准永久组合，并应符合下列规定。

(1) 频遇组合

永久作用标准值与汽车荷载频遇值、其他可变作用准永久值相组合。

① 作用频遇组合的效应设计值可按下式计算：

$$S_{fd}=S(\sum_{i=1}^{m}G_{ik},\psi_{f1}Q_{1k},\sum_{j=2}^{n}\psi_{qj}Q_{jk}) \tag{1-4}$$

其中，S_{fd}—— 作用频遇组合的效应设计值。

ψ_{f1}—— 汽车荷载(不计汽车冲击力)频遇值系数，$\psi_{f1}=0.7$；当某个可变作用在组合中其效应值超过汽车荷载效应时，则该作用取代汽车荷载，人群荷载 $\psi_{f}=1.0$，风荷载 $\psi_{f}=0.75$，温度梯度作用 $\psi_{f}=0.8$，其他作用 $\psi_{f}=1.0$。

② 当作用与作用效应可按线性关系考虑时，作用频遇组合的效应设计值 S_{fd} 可通过作用效应代数相加计算。

(2) 准永久组合

永久作用标准值与可变作用准永久值相组合。

① 作用准永久组合的效应设计值可按下式计算：

$$S_{qd}=S(\sum_{i=1}^{m}G_{ik},\sum_{j=1}^{n}\psi_{qj}Q_{jk}) \tag{1-5}$$

其中，S_{qd}—— 作用准永久组合的效应设计值。

ψ_{qj}—— 第 j 个可变作用的准永久值系数，汽车荷载(不计汽车冲击力)$\psi_q=0.4$，人群荷载 $\psi_q=0.4$，风荷载 $\psi_q=0.75$，温度梯度作用 $\psi_q=0.8$，其他作用 $\psi_q=1.0$。

② 当作用与作用效应可按线性关系考虑时，作用准永久组合的效应设计值 S_{qd} 可通过作用效应代数相加计算。

为保证地基与基础满足强度稳定性和变形方面的要求，应根据建筑物所在地区的各种条件和结构特性，按其可能出现的最不利作用组合情况进行验算。所谓“最不利作用组合”，就是指组合起来的作用应产生相应的最大力学效能，例如滑动稳定验算时产生最小抗滑动稳定系数等。不同的验算内容将由不同的最不利作用组合控制设计，应分别考虑。

三、基础工程设计计算的原则

基础工程设计计算的目的是设计一个安全、经济和可行的地基及基础，以保证结构物的安全和正常使用。因此，基础工程设计计算的基本原则：

(1) 基础底面的压应力小于地基承载力的容许值；

(2) 地基及基础的变形值小于建筑物允许的变形值；

(3) 地基及基础的整体稳定性有足够保证；

(4) 基础本身的强度满足要求。

同时，还必须考虑到，建筑物是一个整体，地基、基础、墩台和上部结构是共同工作且相互影响的，地基的任何变形都会引起基础、墩台和上部结构的变形；不同类型的基础会影响上部结构的受力和工作；地基和基础的不均匀沉降对于超静定的上部结构影响较大，等等。因此，基础工程设计应紧密结合上部结构、墩台特性和要求进行；上部结构的设计也应充分考虑地基的特点，把整个结构物作为一个整体，考虑其整体作用和各个组成部分的共同作用。全面分析建筑物整体和各组成部分的设计可行性、安全性和经济性；把强度、变形和稳定等要求紧密地与现场条件、施工条件结合起来，全面分析，综合考虑。

《工程结构可靠性设计统一标准》(GB 50153—2008) 中规定，结构按极限状态设计应符合下列要求：

$$g(X_1, X_2, \cdots, X_n) \geqslant 0 \tag{1-6}$$

其中，$g(\cdot)$—— 结构的功能函数；

$X_i(i=1,2,\cdots,n)$—— 基本变量，指结构上的各种作用和环境影响、材料和岩土的性能及几何参数等；在进行可靠度分析时，基本变量应作为随机变量。

当采用结构的作用效应和结构的抗力作为综合基本变量时，结构按极限状态设计应符合下列要求：

$$R-S \geqslant 0 \tag{1-7}$$

其中，R—— 结构的抗力；

S—— 结构的作用效应。

结构构件的设计应以规定的可靠度满足以上要求。

【学习实践】

1. 什么叫结构的可靠性？什么叫极限状态？极限状态的分类情况。

2.《公路桥涵地基与基础设计规范》把作用分成哪几类？作用的频遇值和准永久值如何取值？

3. 作用效应如何组合？试举例说明。

【实践过程】

【学习心得】

通过本任务的学习，我的体会有……………………………………………………

……………………………………………………………………………………………

……………………………………………………………………………………………

……………………………………………………………………………………………

……………………………………………………………………………………………

……………………………………………………………………………………………

……………………………………………………………………………………………

……………………………………………………………………………………………

……………………………………………………………………………………………

……………………………………………………………………………………………。

学习项目 2　天然地基上的浅基础

任务 2－1　天然地基上浅基础的类型与构造

【学习目标】

通过本任务的学习，要求学生熟悉以下内容：

1. 了解天然地基上浅基础的各种分类。
2. 掌握刚性基础的受力特点。

【学习内容】

在建筑物设计和施工中，地基和基础占有很重要的地位，它们对建筑物的安全使用和工程造价有着很大的影响。在选择地基基础类型时，主要考虑两个方面的因素：一是建筑物的性质（包括用途、重要性、结构形式、作用等）；二是地基的地质情况（包括土层的分布、土的性质和地下水等）。

浅基础一般指基础埋深小于基础宽度或埋深不超过 5m 的基础。施工一般采用明挖法修筑。浅基础在设计计算时可以忽略基础侧面土体对基础的影响，基础结构形式和施工方法也较简单。而深基础埋入地层较深，结构形式和施工方法较浅基础复杂，在设计计算时需考虑基础侧面土体的影响。

天然地基上的浅基础由于埋深浅，结构形式简单，施工方法简便，造价也较低，因此是建筑物最常用的基础类型。

根据受力条件及构造不同，天然地基浅基础可分为刚性基础和柔性基础，如图 2－1 所示。

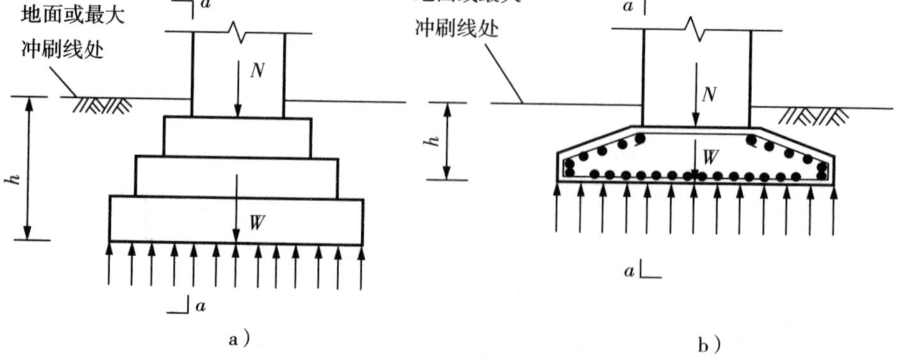

图 2－1　刚性基础和柔性基础

刚性基础：基础在外力（包括基础自重）作用下，基底的地基反力为 σ，基础的悬出部分（自墩、台身底边缘至基础顶面边缘距离称襟边）（图 2－1a），a—a 断面左端，相当于承受着强度为 σ 的均布作用的悬臂梁，在承受作用后，a—a 断面将产生弯曲拉应力和剪应力。当基础圬工具有足够的截面使材料的容许应力大于由地基反力产生的弯曲拉应力和剪应力时，a—a 断面不会出现裂缝，这时，基础内不需配置受力钢筋，这种基础称为刚性基础。它是桥梁、涵洞和房屋等建筑物常用的基础类型。其形式有：刚性扩大基础、单独柱下刚性基础图 2－3、条形基础等。

刚性基础常用的材料：混凝土、砖、毛石、粗料石和片石，这些材料的抗压强度高，抗拉、抗剪强度较低。混凝土是修筑基础最常用的材料，其优点是抗压强度高、耐久性好，可浇筑成任意形状的砌体，强度等级一般不宜小于 C15。对于大体积混凝土基础，为了节约水泥用量，可掺入不多于砌体体积 25％的片石（称片石混凝土）。

刚性基础的优点：稳定性好，施工简便，能承受较大的荷载作用。缺点：自重大，当持力层为软弱土时需对地基处理或加固后才能采用。

对于荷载大或上部结构对沉降差较敏感的建筑物，当持力层的土质较差又较厚时，刚性基作为浅基础是不适宜的。

柔性基础：基础在基底反力作用下，在 a—a 断面产生弯曲拉应力和剪应力若超过了基础圬工的强度极限值，为了防止基础在 a—a 断面开裂甚至断裂，可将刚性基础尺寸重新设计，并在基础中配置足够数量的钢筋，这种基础称为柔性基础（图 2－1b）。柔性基础主要是用钢筋混凝土浇筑，常见的形式有柱下扩展基础、条形基础筏板及箱形基础。其整体性能较好，抗弯刚度较大，抗剪性能好，基本消除了由于地基沉降不均匀引起结构损坏的影响，但在荷载作用下产生挠曲变形。

1. 刚性扩大基础

将基础平面尺寸扩大以满足地基强度要求，这种刚性基础又称刚性扩大基础（图 2－2）。其平面形状常为矩形，其每边扩大的尺寸最小为 0.20～0.50m，作为刚性基础，每边扩大的最大尺寸应受到材料刚性角的限制。当基础较厚时，可在纵横两个剖面上都做成台阶形，以减小基础自重力，节省材料。它是桥涵及其他建筑物常用的基础形式。

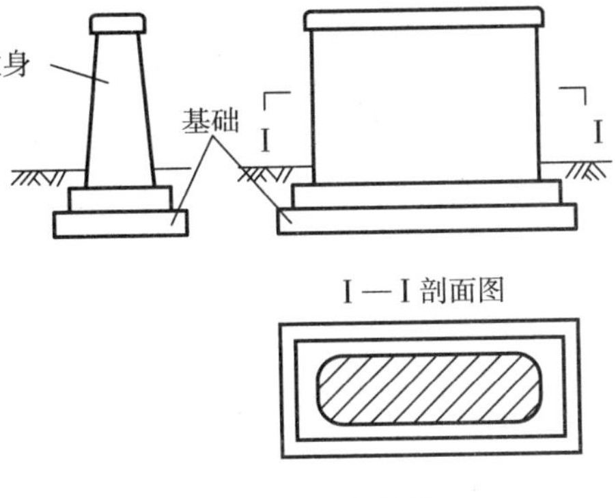

图 2－2　刚性扩大基础

2. 单独和联合基础

单独基础是立柱式桥墩和房屋建筑常用的基础形式之一（图 2－3）。它的纵横剖面均可砌筑成台阶式(图 2-3a、图 2-3b),但柱下单独基础用石或砖砌筑时,则在柱子与基础之间用混凝土连接。个别情况如柱下基础用钢筋混凝土浇筑时,其剖面也可浇筑成锥形(图 2-3c)。当为了满足地基强度要求,必须扩大基础平面尺寸,而扩大结果使相邻的单独基础在平面上相连甚至重叠时,则可将它们连在一起成为联合基础(图 2-3b)。

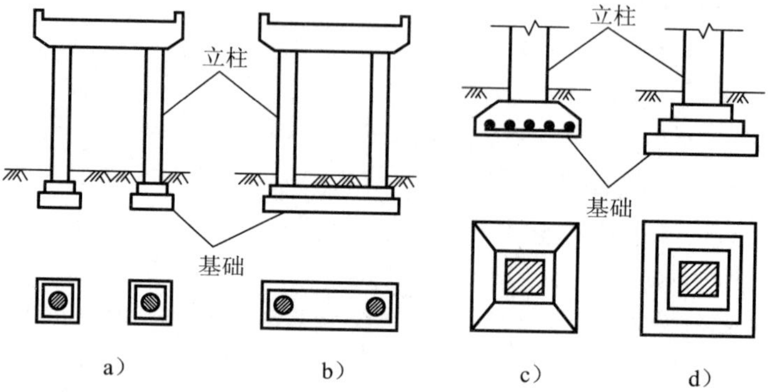

图 2-3　单独基础和联合基础

3. 条形基础

条形基础分为墙下条形基础和柱下条形基础。墙下条形基础(图 2-4)是挡土墙下或涵洞下常用的基础形式,其横剖面可以是矩形或将一侧筑成台阶形。如挡土墙很长,为了避免在沿墙长方向因沉降不匀而开裂,可根据土质和地形予以分段,设置沉降缝。有时为了增强桥柱下基础的承载能力,将同一排若干个柱子的基础联合起来,也就成为柱下条形基础(图 2-5)。其构造与倒置的 T 形截面梁相类似,在沿柱子的排列方向的剖面可以是等截面的,也可以如图 2-5 那样在柱位处加腋的。在桥梁基础中,一般是做成刚性基础,个别的也可做成柔性基础。

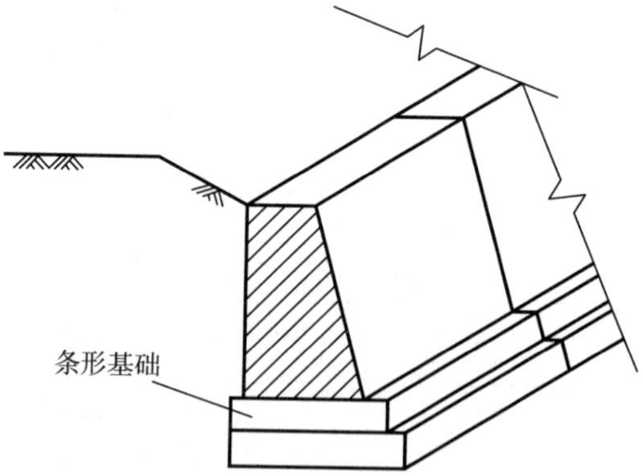

图 2-4　挡土墙下条形基础

如地基土很软,基础在宽度方向需进一步扩大面积,同时又要求基础具有空间的刚度来调整不均匀沉降时,可在柱下纵、横两个方向均设置条形基础,成为十字形基础。这是房屋建筑常用的基础形式,也是一种交叉条形基础。如湖南大学图书馆为 9 层大楼,地层不均匀,基岩有溶洞,且书库荷载大,在设计上基础就采用了钢筋混凝土十字交叉基础。

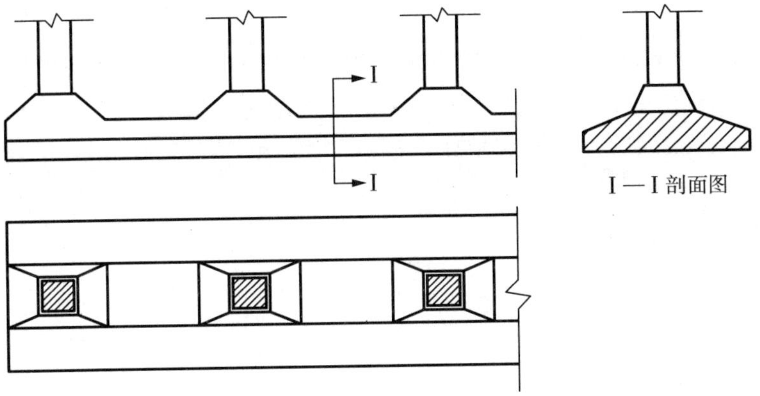

图 2-5　柱下条形基础

4. **筏板和箱形基础**

筏板和箱形基础都是房屋建筑常用的基础形式(图 2-6、图 2-7)。

当立柱或承重墙传来的作用较大,地基土质软弱又不均匀,采用单独或条形基础均不能满足地基承载力或沉降的要求时,可采用筏板式钢筋混凝土基础,这样既扩大了基底面积又增加了基础的整体性,并避免建筑物局部发生不均匀沉降。

筏板基础在构造上类似于倒置的钢筋混凝土楼盖,它可以分为平板式(图 2-6a)和梁板式(图 2-6b)。平板式常用于柱作用较小而且柱子排列较均匀和间距也较小的情况。

为增大基础刚度,可将基础做成由钢筋混凝土顶板、底板及纵横隔墙组成的箱形基础(图 2-7),它的刚度远大于筏板基础,而且基础顶板和底板间的空间常可利用作地下室。它适用于地基较软弱、土层厚、建筑物对不均匀沉降较敏感或作用较大而基础建筑面积不太大的高层建筑。

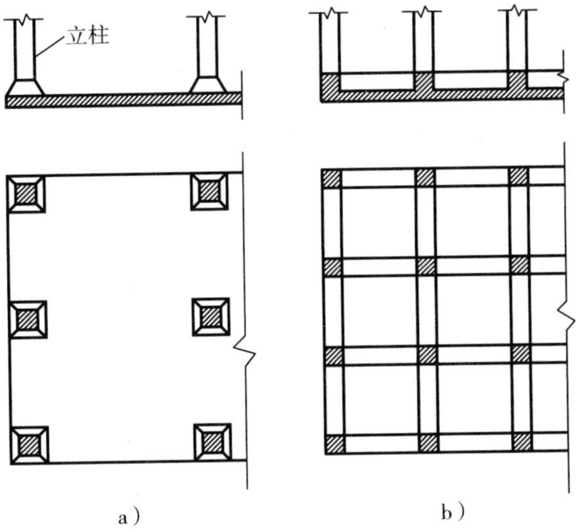

图 2-6　筏板基础

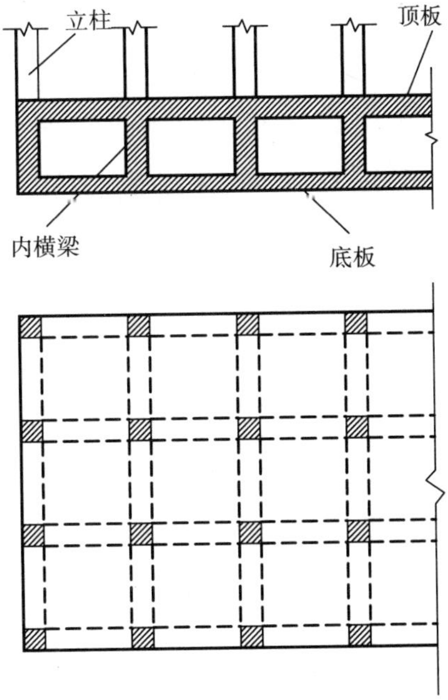

图 2-7　箱形基础

【学习实践】

1. 请按照不同的分类方法对天然地基上的浅基础进行分类。
2. 刚性扩大浅基础的受力特点是什么？
3. 刚性扩大浅基础对材料的要求是什么？

【实践过程】

【学习心得】

通过本任务的学习，我的体会有……………………………………………………………………

………。

任务 2-2 地基承载力的确定

【学习目标】

了解各种土质地基的地基承载力的确定方法。

【学习内容】

地基承载力容许值[f_a]是经地基原位测试或在规范给出的各类岩土承载力基本容许值[f_{a0}]的基础上，经修正后得到的。

一、地基承载力

地基承载力基本容许值应首先考虑由载荷试验或其他原位测试取得，其值不应大于地基极限承载力的 1/2；对中小桥、涵洞，当受现场条件限制，或载荷试验和原位测试确有困难时，可根据岩土类别、状态及其物理力学特性指标按表 2-1 至表 2-7 选用。

一般岩石地基可根据强度等级、节理按表 2-1 确定承载力基本容许值[f_{a0}]。对于复杂的岩层(如溶洞、断层、软弱夹层、易溶岩石、软化岩石等)应按各项因素综合确定。

表 2-1 岩石地基承载力基本容许值[f_{a0}](kPa)

坚硬程度 \ [f_{a0}](kPa) \ 节理发育程度	节理不发育	节理发育	节理很发育
坚硬岩、较硬岩	>3000	3000～2000	2000～1500
较软岩	3000～1500	1500～1000	1000～800
软岩	1200～1000	1000～800	800～500
极软岩	500～400	400～300	300～200

碎石土地基可根据其类别和密实程度按表 2-2 确定承载力基本容许值[f_{a0}]。

表 2-2 碎石土地基承载力基本容许值[f_{a0}](kPa)

土名 \ [f_{a0}](kPa) \ 密实程度	密实	中密	稍密	松散
卵石	1200～1000	1000～650	650～500	500～300
碎石	1000～800	800～550	550～400	400～200
圆砾	800～600	600～400	400～300	300～200
角砾	700～500	500～400	400～300	300～200

注：①由硬质岩组成，填充砂土者取高值；由软质岩组成，填充黏性土者取低值。

②半胶结的碎石土，可按密实的同类土的[f_{a0}]值提高10%～30%。

③松散的碎石土在天然河床中很少遇见，需特别注意鉴定。

④漂石、块石的[f_{a0}]值，可参照卵石、碎石适当提高。

砂土地基可根据土的密实度和水位情况按表2－3确定承载力基本容许值[f_{a0}]。

表2－3 砂土地基承载力基本容许值[f_{a0}](kPa)

土名及水位情况 \ [f_{a0}] (kPa) \ 密实度		密实	中密	稍密	松散
砾砂、粗砂	与湿度无关	550	430	370	200
中砂	与湿度无关	450	370	330	150
细砂	水上	350	270	230	100
	水下	300	210	190	—
粉砂	水上	300	210	190	—
	水下	200	110	90	—

粉土地基可根据土的天然孔隙比e和天然含水率w(%)按表2－4确定承载力基本容许值[f_{a0}]。

表2－4 粉土地基承载力基本容许值[f_{a0}](kPa)

e \ [f_{a0}] (kPa) \ w(%)	10	15	20	25	30	35
0.5	400	380	355	—	—	—
0.6	300	290	280	270	—	—
0.7	250	235	225	215	205	—
0.8	200	190	180	170	165	—
0.9	160	150	145	140	130	125

老黏性土地基可根据压缩模量E_s按表2－5确定承载力基本容许值[f_{a0}]。

表2－5 老黏性土地基承载力基本容许值[f_{a0}]

E_s(MPa)	10	15	20	25	30	35	40
[f_{a0}] (kPa)	380	430	470	510	550	580	620

注：当老黏性土E_s<10MPa时，承载力基本容许值[f_{a0}]按一般黏性土(表2－5)确定。

一般黏性土可根据液性指数I_L和天然孔隙比e，按表2－6确定地基承载力基本容许值[f_{a0}]。

表 2-6　一般黏性土地基承载力基本容许值 $[f_{a0}]$(kPa)

$[f_{a0}]$ (kPa) I_L / e	0	0.1	0.2	0.3	0.4	0.5	0.6	0.7	0.8	0.9	1.0	1.1
0.5	450	440	430	420	400	380	350	310	270	240	220	—
0.6	420	410	400	380	360	340	310	280	250	220	200	180
0.7	400	370	350	330	310	290	270	240	220	190	170	160
0.8	380	330	300	280	260	240	230	210	180	160	150	140
0.9	320	280	260	240	220	210	190	180	160	140	130	120
1.0	250	230	220	210	190	170	160	150	140	120	110	—
1.1	—	—	160	150	140	130	120	110	100	90	—	—

注：①土中含有粒径大于 2mm 的颗粒质量超过总质量 30%以上者，$[f_{a0}]$可适当提高。

② 当 $e<0.5$ 时，取 $e=0.5$；当 $I_L<0$ 时，取 $I_L=0$。此外，超过表列范围的一般黏性土，$[f_{a0}]=57.22E_s^{0.57}$。

新近沉积黏土地基根据液性指数 I_L 和天然孔隙比 e，按表 2-7 确定地基承载力基本容许值 $[f_{a0}]$。

表 2-7　新近沉积黏性土地基承载力基本容许值 $[f_{a0}]$(kPa)

$[f_{a0}]$ (kPa) I_L / e	≤0.25	0.75	1.25
≤0.8	140	120	100
0.9	130	110	90
1.0	120	100	80
1.1	110	90	—

修正后的地基承载力容许值 $[f_a]$ 按下式确定。

$$[f_a]=[f_{a0}]+k_1\gamma_1(b-2)+k_2\gamma_2(h-3) \tag{2-1}$$

其中，$[f_a]$——修正后的地基承载力容许值(kPa)。

b——基础底面的最小边宽(m)，当 $b<2$m 时，取 $b=2$m；当 $b>10$m 时，取 $b=10$m。

h——基底埋置深度(m)，当不受水流冲刷时自天然地面起算；有水流冲刷时自一般冲刷线起算；当 $h<3$m 时，取 $h=3$m；当 $h/b>4$ 时，取 $h=4b$。

k_1,k_2——基底宽度、深度修正系数，根据基底持力层土的类别按表 2-8 确定。

γ_1——基底持力层土的天然重度(kN/m^3)，若持力层在水面以下且为透水者，应取浮重度。

γ_2——基底以上土层的加权平均重度(kN/m^3)，换算时若持力层在水面以下，且不透水时，不论基底以上土的透水性质如何，一律取饱和重度；当透水时，水中部分土层应取浮重度。

表 2－8　地基土承载力宽度、深度修正系数 k_1、k_2

系数	黏性土				粉土	砂土								碎石土			
	老黏性土	一般黏性土		新近沉积黏性土	—	粉砂		细砂		中砂		砾砂、粗砂		碎石、圆砾、角砾		卵石	
		$I_L \geqslant 0.5$	$I_L < 0.5$		—	中密	密实	中密	密实	中密	密实	中密	密实	中密	密实	中密	密实
k_1	0	0	0	0	0	1.0	1.2	1.5	2.0	2.0	3.0	3.0	4.0	3.0	4.0	3.0	4.0
k_2	2.5	1.5	2.5	1.0	1.5	2.0	2.5	3.0	4.0	4.0	5.5	5.0	6.0	5.0	6.0	6.0	10

注：①对于稍密和松散状态的砂、碎石土，k_1、k_2 值可采用表列中密值的 50%。

②强风化和全风化的岩石，可参照所风化成的相应土类取值；其他状态下的岩石不修正。

二、软土地基承载力

软土地基承载力容许值 $[f_a]$ 按下列规定确定。

软土地基承载力基本容许值 $[f_{a0}]$ 应由载荷试验或其他原位测试取得。载荷试验和原位测试确有困难时，对于中小桥、涵洞基底未经处理的软土地基承载力容许值 $[f_a]$ 可采用以下两种方法确定：

(1)根据原状土天然含水率 w，按表 2－9 确定软土地基承载力基本容许值 $[f_{a0}]$，然后按式(2－2)计算修正后的地基承载力容许值 $[f_a]$：

$$[f_a]=[f_{a0}]+\gamma_2 h \tag{2-2}$$

其中，γ_2，h 的意义同式(2－1)。

表 2－9　软土地基承载力基本容许值 $[f_{a0}]$

天然含水率 w(%)	36	40	45	50	55	65	75
$[f_{a0}]$(kPa)	100	90	80	70	60	50	40

(2)根据原状土强度指标确定软土地基承载力容许值 $[f_a]$：

$$[f_a]=\frac{5.14}{m}k_p C_u+\gamma_2 h \tag{2-3}$$

$$k_p=\left(1+0.2\frac{b}{l}\right)\left(1-\frac{0.4H}{blC_u}\right) \tag{2-4}$$

其中，m——抗力修正系数，可视软土灵敏度及基础长宽比等因素选用 1.5～2.5；

C_u——地基土不排水抗剪强度标准值(kPa)；

k_p——系数；

H——由作用(标准值)引起的水平力(kN)；

b——基础宽度(m)，有偏心作用时，取 $b-2e_b$；

l——垂直于 b 边的基础长度(m)，有偏心作用时，取 $l-2e_l$；

e_b，e_l——偏心作用在宽度和长度方向的偏心距(m)。

经排水固结方法处理的软土地基，其承载力基本容许值[f_{a0}]应通过载荷试验或其他原位测试方法确定；经复合地基方法处理的软土地基，其承载力基本容许值应通过载荷试验确定。然后计算修正后的软土地基地基承载力容许值[f_a]。

地基承载力容许值[f_a]应根据地基受荷阶段及受荷情况，乘以下列规定的抗力系数 γ_R。

使用阶段：

(1)当地基承受作用短期效应组合或作用效应偶然组合时，可取 $\gamma_R=1.25$；但对承载力容许值[f_a]小于 150kPa 的地基，应取 $\gamma_R=1.0$。

(2)当地基承受的作用短期效应组合仅包括结构自重、预加力、土重力、土侧压力、汽车和人群效应时，应取 $\gamma_R=1.0$。

(3)当基础建于经多年压实未遭破坏的旧桥基(岩石旧桥基除外)上时，不论地基承受的作用情况如何，抗力系数均可取 $\gamma_R=1.5$，对[f_a]小于 150kPa 的地基可取 $\gamma_R=1.25$。

(4)基础建于岩石旧桥基上，应取 $\gamma_R=1.0$。

施工阶段：

(1)地基在施工荷载作用下，可取 $\gamma_R=1.25$。

(2)当墩台施工期间承受单向推力时，可取 $\gamma_R=1.5$。

【学习实践】

1. 不同地基土地基承载力的确定方法。
2. 地基承载力修正公式的理解，与哪些因素有关？

【实践过程】

【学习心得】

通过本任务的学习，我的体会有……………………………………

……………………………………………………………………

……………………………………………………………………

……………………………………………………………………

……………………………………………………………………。

任务 2－3 刚性扩大基础的设计与计算

【学习目标】

1. 了解刚性扩大基础的设计过程。
2. 熟悉基础的验算内容。

【学习内容】

刚性扩大基础的设计与计算的主要内容：基础埋置深度的确定；刚性扩大基础尺寸的拟定；地基承载力验算；基底合力偏心距验算；基础沉降验算；基础稳定性验算。

2－3－1 基础埋置深度的确定

在确定基础埋置深度时，必须考虑把基础设置在变形较小而强度又比较大的持力层上，以保证地基强度满足要求，而且不致产生过大的沉降或沉降差。此外还要使基础有足够的埋置深度，以保证基础的稳定性，确保基础的安全。确定基础的埋置深度时，必须综合考虑以下各种因素的作用。

一、地基的地质条件与荷载作用情况

地基的地质条件与荷载作用是确定基础埋深的基本因素，土层的好坏及其能否作为持力层是相对一定荷载而言的，同一种土层如对轻型建筑来说，作为持力层可以不成问题，但对重型建筑物则可能不行。因此地质条件和建筑物荷载作用大小一定要结合起来考虑，根据这两方面综合条件来确定基础的埋深，主要是要考虑地基的强度和变形必须符合要求。

覆盖土层较薄（包括风化岩层）的岩石地基，一般应清除覆盖土和风化层后，将基础直接修建在新鲜岩面上，如岩石的风化层很厚，难以全部清除时，基础在风化层中的埋置深度应根据其风化程度、冲刷深度及相应的容许承载力来确定；如岩层表面倾斜时，不得将基础的一部分置于岩层上，而另一部分置于土层上，以防基础因不均匀沉降而发生倾斜甚至断裂。在陡峭山坡上修建桥梁墩台时，还应注意岩体的稳定性。

当基础埋置在非岩石地基上，如受压层范围内为均质土，基础埋置深度除满足冲刷、冻胀等要求外，可根据作用大小，由地基土的承载能力和沉降特性来确定（同时考虑基础需要的最小埋深）。当地质条件较复杂如地层为多层土组成，或对大中型桥梁及其他建筑物基础持力层的选定，应通过较详细计算或方案比较后确定。

二、保证持力层稳定所需的最小埋置深度

地表土在温度和湿度的影响下，会产生一定的风化作用，其性质是不稳定的。加上人类和动物的活动以及植物的生长作用，也会破坏地表土层的结构，影响其强度和稳定，所以一般地表土不宜作为持力层。为了保证地基和基础的稳定性，基础的埋置深度（除岩石地

基外)应在天然地面或无冲刷河底以下不小于 1m。

三、河流的冲刷深度

在有水流的河床上修建基础时,要考虑洪水对基础下地基土的冲刷作用。洪水水流越急,流量越大,洪水的冲刷越大。整个河床面被洪水冲刷后下降,叫作一般冲刷,被冲下去的深度叫作一般冲刷深度。同时,由于桥墩的阻水作用,使洪水在桥墩四周冲出一个深坑,叫作局部冲刷。

因此,在有冲刷的河流中,为了防止桥梁墩、台基础四周和基底下土层被水流淘空冲走导致倒塌,基础必须埋置在设计洪水的最大冲刷线以下不小于 1m。特别是在山区和丘陵地区的河流,更应注意考虑季节性洪水的冲刷作用。

非岩石河床桥梁墩、台基底埋深安全值,可按表 2-10 确定。

岩石河床墩、台基底最小埋置深度可参考《公路工程水文勘测设计规范》(JTG C30—2015)附录 C 确定。

位于河槽的桥台,当其最大冲刷深度小于桥墩总冲刷深度时,桥台基底的埋深应与桥墩基底相同;当桥台位于河滩时,对河槽摆动不稳定的河流,桥台基底高程应与桥墩基底高程相同;在稳定河流上,桥台基底高程可按照桥台冲刷结果确定。

表 2-10 基底埋深安全值(m)

总冲刷深度(m) 桥梁类别	0	5	10	15	20
大桥、中桥、小桥(不铺砌)	1.5	2.0	2.5	3.0	3.5
特大桥	2.0	2.5	3.0	3.5	4.0

注:①总冲刷深度为自河床面算起的河床自然演变冲刷、一般冲刷与局部冲刷深度之和。

②表列数值为墩台基底埋入总冲刷深度以下的最小值;若对设计流量、水位和原始断面资料无把握或不能获得河床演变准确资料时,其值宜适当加大。

③若桥位上下游有已建桥梁,应调查已建桥梁的特大洪水冲刷情况,新建桥墩台基础埋置深度不宜小于已建桥梁的冲刷深度且酌加必要的安全值。

④如河床上有铺砌层时,基础底面宜设置在铺砌层顶面以下不小于 1m。

四、当地的冻结深度

在寒冷地区,应该考虑由于季节性的冰冻和融化对地基土引起的冻胀影响。对于冻胀性土,如土温在较长时间内保持在冻结温度以下,水分能从未冻结土层不断地向冻结区迁移,引起地基的冻胀和隆起,这些都可能使基础遭受损坏。当墩台基底设置在不冻胀土层中时,基底埋深可不受冻深的限制。上部为超静定结构的桥涵基础,其地基为冻胀土层时,应将基底埋入冻结线以下不小于 0.25m。

基础底面以下允许残留冻土是因为地表的冻胀力和冻胀量较大,随着深度的增加,冻胀力和冻胀量的增长也随之减小,到一定深度后不再增大。靠近地表的上部冻土称为有效冻胀区,当基础的埋深超过有效冻胀区的深度时,尽管基底还残留少量冻胀土层,但其冻胀力和冻胀量很小,不影响结构物的正常使用。

五、上部结构形式

上部结构的形式不同，对基础产生的位移要求也不同。对中、小跨度简支梁桥来说，这项因素对确定基础的埋置深度影响不大，但对超静定结构即使基础发生较小的不均匀沉降也会使内力产生一定变化。例如拱桥桥台，为了减小可能产生的水平位移和沉降差值，有时需将基础设置在埋藏较深的坚实土层上。

六、当地的地形条件

当墩台、挡土墙等结构位于较陡的土坡上，在确定基础埋深时，还应考虑土坡连同结构物基础一起滑动的稳定性。由于在确定地基容许承载力时，一般是按地面为水平的情况下确定的，因而当地基为倾斜土坡时，应结合实际情况，予以适当折减并采取一定措施。

若基础位于较陡的岩体上，可将基础做成台阶形，但要注意岩体的稳定性。

除此以外，在确定基础埋置深度时，还应考虑相邻建筑物的影响，如新建筑物基础比原有建筑物基础深，则施工挖土有可能影响原有基础的稳定。施工技术条件（施工设备、排水条件、支撑要求等）及经济分析等对基础埋深也有一定影响，这些因素也应考虑。

上述影响基础埋深的因素不仅适用于天然地基上的浅基础，有些因素也适用于其他类型的基础（如沉井基础）。

下面举例说明如何合理地确定基础埋置深度和选择持力层。

某河流的水文资料和土层分布及其容许承载力如图 2－8 所示。根据上述水文、地质资料，如施工技术条件有充分保证，由于基础修建在常年有水的河中（上部为静定结构），因而对上述因素一、四、五可以排除。从土质条件来看，土层（Ⅰ）（Ⅲ）（Ⅳ）均可作为持力层。所以第一方案采用浅基础，其埋置深度，只需根据最大冲刷线下 $h_1=2$m，然后验算土层（Ⅰ）（Ⅱ）的承载力是否满足要求；如这一方案不能通过，就应按土质条件采用第二方案，将基底设置在土层（Ⅲ）上，但埋置深度 h_2 达 8m 以上，此时仍采用浅基础要考虑技术上的可能性和经济上的合理性。如荷载作用大，要求基础埋得更深时，则可考虑第三方案，采用沉井或桩基础。如无特殊原因，以桩基础较好，将桩底埋入土层（Ⅳ）中，埋深 $h_3\geqslant 12$m，可以避免水下施工，给施工带来了便利。

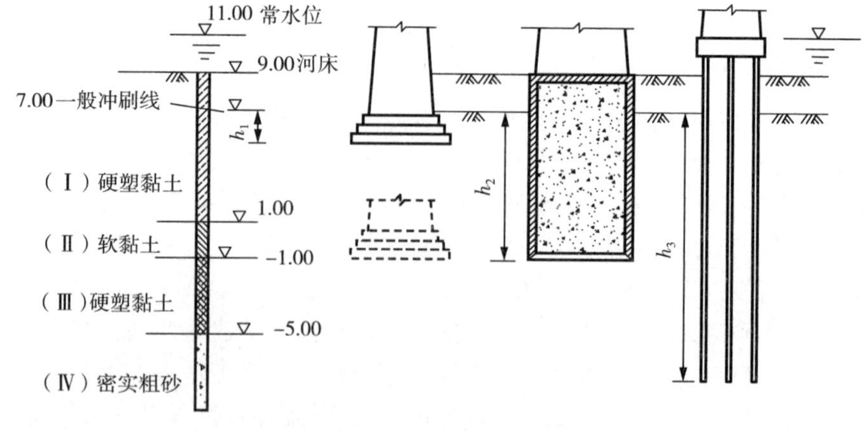

图 2－8　水文资料和土层分布

2-3-2 刚性扩大基础尺寸的拟定

刚性扩大基础尺寸的拟定主要根据基础埋置深度确定基础平面尺寸和基础分层厚度。所拟定的基础尺寸，应是在可能的最不利作用组合的条件下，能保证基础本身有足够的结构强度，并能使地基与基础的承载力和稳定性均能满足规定要求，并且是经济合理的。

基础厚度：应根据墩、台身结构形式，作用大小，选用的基础材料，基础埋置深度，地质条件等因素来确定。水中基础顶面一般不高于最低水位，对于有通航的河流，基础的顶面还应考虑不影响船舶安全行驶；对于有泄洪要求的河流，基础顶面应尽量位于河床以下，以减少阻水面积。在季节性流水的河流或旱地上的桥梁墩、台基础，则不宜高出地面，以防碰损。一般情况下，大、中桥墩、台混凝土基础厚度为 1.0～2.0m。

基础平面尺寸：基础平面形状一般应和墩、台身底面的形状配合，如矩形和圆端形墩常用矩形基础，圆形墩用圆形或八角形基础。基础底面长宽尺寸与高度有如下的关系式。

长度(横桥向)：

$$a=l+2H\tan\alpha \tag{2-5}$$

宽度(顺桥向)：

$$b=d+2H\tan\alpha \tag{2-6}$$

其中，l——墩、台身底截面长度(m)；

d——墩、台身底截面宽度(m)；

H——基础高度(m)；

α——墩、台身底截面边缘至基础边缘线与垂线间的夹角，其值根据基础材料确定，一般小于或等于圬工材料的刚性角。

基础剖面尺寸：刚性扩大基础的剖面形式一般做成矩形或台阶形，如图 2-9 所示。自墩、台身底边缘至基础顶面边缘距离 c，称为襟边宽度，其作用一方面是扩大基底面积增加基础承载力，同时也便于调整基础施工时在平面尺寸上可能发生的误差；另一方面也为了支立墩、台身模板的需要。其值应视基底面积的要求、基础厚度及施工方法而定。桥梁墩台基础襟边最小值为 20～30cm。基础较厚(超过 1m 以上)时，可将基础的剖面砌筑成台阶形，每层台阶厚度 t_i 通常为 0.5～1.0m，各层台阶宜采用相同厚度。

基础悬出总长度(包括襟边与台阶宽度之和)：应使悬出部分在基底反力作用下，在 a—a 截面(图 2-9b)所产生的弯曲拉力和剪应力不超过基础圬工的强度限值。所以满足上述要求时，就可得到自墩台身边缘处的垂线与基底边缘的连线间的最大夹角 α_{max}，称为刚性角。在设计时，应使每个台阶宽度 c_i 与厚度 t_i 保持在一定比例内，使其夹角 $\alpha_i \leqslant \alpha_{max}$，这时可认为属刚性基础，不必对基础进行弯曲拉应力和剪应力的强度验算，在基础中也可不设置受力钢筋。刚性角 α_{max} 的数值是与基础所用的圬工材料强度有关，可按《公路圬工桥涵设计规范》(JTG D61—2005)取用：

(1)片石、块石、料石砌体，用 M5 砂浆砌筑时，$[\alpha]_{max} \leqslant 30°$；

(2)片石、块石、料石砌体，用 M5 以上砂浆砌筑时，$[\alpha]_{max} \leqslant 35°$；

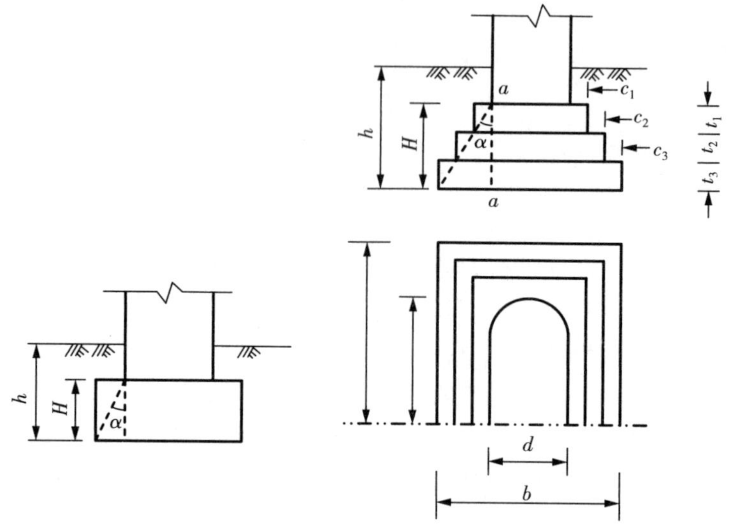

a)　　　　b)

图 2-9　刚性扩大基础剖面、平面图

(3)混凝土浇筑时，$[\alpha]_{\max} \leqslant 40°$。

基础每层台阶高度 t_i，通常为 0.5～1.0m，一般情况下各层台阶宜采用相同厚度。基础顶面可与地面齐平，但为美观起见，一般稍低于地面。

2-3-3　地基承载力验算

基础底面岩土的承载力，当不考虑嵌固作用时，可按下式验算。

(1)当基底只承受中心荷载时

$$p=\frac{N}{A} \leqslant [f_a] \qquad (2-7)$$

(2)当基底单向偏心受压，承受竖向力 N 和弯矩 M 共同作用时

$$p_{\max}=\frac{N}{A}+\frac{M}{W} \leqslant \gamma_R [f_a] \qquad (2-8)$$

(3)当基底双向偏心受压，承受竖向力 N 和弯矩 M_x 和 M_y 共同作用时

$$p_{\max}=\frac{N}{A}+\frac{M_x}{W_x}+\frac{M_y}{W_y} \leqslant \gamma_R [f_a] \qquad (2-9)$$

当设置在基岩上的基底承受单向偏心荷载，其偏心距 e_0 超过核心半径时，可仅按受压区计算基底最大压应力(不考虑基底承受拉应力，见图 2-10)。基底为矩形截面的最大压应力 $p_{\max}$ 按式(2-10)计算：

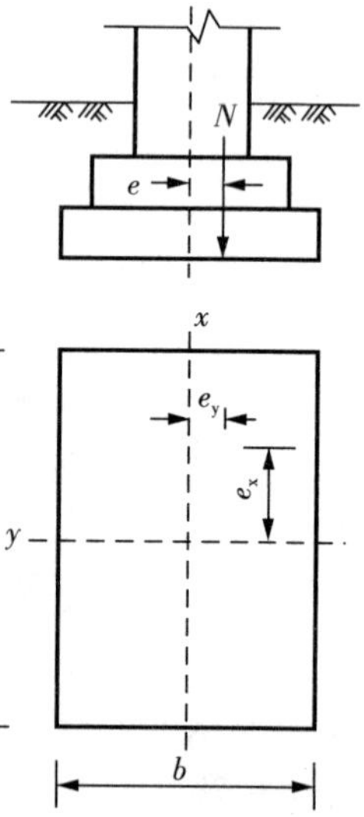

图 2-10　偏心竖直力作用在任意点

$$p_{\max}=\frac{2N}{3da}=\frac{2N}{3(\frac{b}{2}-e_0)a} \qquad (2-10)$$

其中，p——基底压应力(kN)；

b——偏心方向基础底面的边长(m)；

a——垂直于 b 边基础底面的边长(m)；

d——N 作用点至基底受压边缘的距离(m)；

e_0——N 作用点距截面重心的距离(m)；

γ_R——抗力系数。

当设置在基岩上的墩台基底承受双向偏心压应力且计算的 $e_0>\rho$(ρ 为核心半径)时，可仅按受压区计算基底压应力(不考虑基底承受拉应力)，墩台基底最大压应力可按《公路桥涵地基与基础设计规范》(JTG D63—2007)附录 K 确定。

2-3-4 基底合力偏心距验算

桥涵墩台应验算作用于基底的合力偏心距。

(1)桥涵墩台基底的合力偏心距容许值$[e_0]$应符合表 2-11 的规定。

表 2-11 墩台基底的合力偏心距容许值$[e_0]$

作用情况	地基条件	合力偏心距	备注
墩台仅承受永久作用标准值 效应组合	非岩石地基	桥墩 $[e_0]\leqslant 0.1\rho$	拱桥、刚构桥墩台，其合力作用点应尽量保持在基底重心附近
		桥台 $[e_0]\leqslant 0.75\rho$	
墩台承受作用标准值效应组合或偶然作用(地震作用除外)标准值效应组合	非岩石地基	$[e_0]\leqslant\rho$	拱桥单向推力墩不受限制，但应符合规范规定的抗倾覆稳定系数
	较破碎至极破碎岩石地基	$[e_0]\leqslant 1.2\rho$	
	完整、较完整岩石地基	$[e_0]\leqslant 1.5\rho$	

(2)基底以上外力作用点对基底形心轴的偏心距 e_0 按下式计算：

$$e_0=\frac{M}{N}\leqslant[e_0] \qquad (2-11)$$

其中，M,N—— 作用于基底的竖向合力和所有外力对基底截面重心的弯矩。

(3) 基底承受单向或双向偏心受压的 ρ 值可按下式计算：

$$\rho=\frac{e_0}{1-\frac{p_{\min}A}{N}} \qquad (2-12)$$

$$p_{\min}=\frac{N}{A}-\frac{M_x}{W_x}-\frac{M_y}{W_y} \qquad (2-13)$$

其中，p_{min}—— 基底最小压应力，当为负值时表示拉应力(kN)；

e_0——N 作用点距截面重心的距离(m)；

A—— 基底面积(m^2)。

其余符号意义同上。

在基础底面下或基桩桩端下有软土层或软弱地基时，应按下式验算软土层或软弱地基的承载力：

$$p_z = \gamma_1 (h + z) + \alpha (p - \gamma_2 h) \leqslant \gamma_R [f_a] \tag{2-14}$$

其中，p_z—— 软土层或软弱地基的压应力(kPa)。

h—— 基底或桩端处的埋置深度(m)，当基础受水流冲刷时，由一般冲刷线起算；当不受水流冲刷时，由天然地面起算；如位于挖方内，则由开挖后地面起算。

z—— 从基底或桩基桩端处到软土层或软弱地基顶面的距离(m)。

γ_1—— 深度$(h + z)$范围内各土层的换算重度(kN/m^3)。

γ_2—— 深度 h 范围内各土层的换算重度(kN/m^3)。

α—— 土中附加压应力系数，参见规范附录。

p—— 基底压应力(kPa)，当 $z/b > 1$ 时，p 采用基底平均压应力；当 $z/b \leqslant 1$ 时，p 按基底压应力图形采用距最大压应力点 $b/3 \sim b/4$ 处的压应力(对于梯形图形前后端压应力差值较大时，可采用上述 $b/4$ 点处的压应力值，反之，则采用上述 $b/3$ 处压应力值)，以上 b 为矩形基底的宽度。

f_a—— 软土层或软弱地基顶面土的承载力容许值，按规范规定采用。

若下卧层为压缩性较大的厚层软黏土时，应验算沉降量。

2-3-5　基础沉降计算

修建在非岩石地基上的桥梁基础，都会发生一定程度的沉降，但这种沉降不得大到因桥梁沉降问题而使运营发生困难，故要限制墩台基础的沉降量。通常在确定地基承载力时已考虑地基变形这一因素，只要满足了地基强度的要求，就间接地满足了基础的沉降量要求。但遇到下列几种情况，应验算基础的沉降量，其值不大于容许值。

(1) 建于非岩石地基上的拱桥，连续梁桥等超静定结构的基础；

(2) 当相邻墩台基础下的地基土有显著不同或相邻跨径差别很大而需计算沉降差时；

(3) 跨线桥或跨线渡槽下的净高需预先考虑沉降量时，均应计算其沉降。

墩台的沉降，应符合下列规定：

(1) 相邻墩台间不均匀沉降差值(不包括施工中的沉降)，不应使桥面形成大于 0.2% 的附加纵坡。

(2) 超静定结构桥梁墩台间不均匀沉降差值，还应满足结构的受力要求。

墩台基础的最终沉降量，可按下式计算：

$$S = \psi_s \cdot S_0 = \psi_s \sum_{i=1}^{n} \Delta s_i = \psi_s \sum_{i=1}^{n} \frac{p_0}{E_{si}} (z_i \bar{\alpha}_i - z_{i-1} \bar{\alpha}_{i-1}) \tag{2-15}$$

$$p_0 = p - \gamma h \tag{2-16}$$

其中，S—— 地基最终沉降量(mm)。

S_0—— 按压力面积法计算的地基沉降量(mm)。

ψ_s—— 沉降计算经验系数，根据地区沉降观测资料及经验确定，缺少沉降观测资料及经验数据时，可按规范(表 2-12) 确定。

n—— 地基沉降计算深度范围内所划分的土层数(图 2-11)。

p_0—— 对应于荷载长期效应组合时的基础底面处附加压应力(kPa)。

E_{si}—— 基础底面下第 i 层土的压缩模量(MPa,)，应取土的“自重压应力”至“土的自重压应力与附加压应力之和”的压应力段计算。

z_i，z_{i-1}—— 基础底面至第 i 层土、第 $i-1$ 层土底面的距离(m)。

$\bar{\alpha}_i$，$\bar{\alpha}_{i-1}$—— 基础底面计算点至第 i 层土、第 $i-1$ 层土底面范围内平均附加压应力系数，可按规范(表 2-13) 取用。

p—— 基底压应力(kPa,)，当 $z/b>1$ 时，p 采用基底平均压应力；当 $z/b \leqslant 1$ 时，p 按基底压应力图形采用距最大压应力点 $b/3 \sim b/4$ 处的压应力(对于梯形图形前后端压应力差值较大时，可采用上述 $b/4$ 点处的压应力值，反之，则采用上述 $b/3$ 处压应力值)，以上 b 为矩形基底的宽度。

h—— 基底埋置深度(m)，当基础受水流冲刷时，从一般冲刷线起算；当不受水流冲刷时，从天然地面起算；如位于挖方内，则由开挖后地面起算。

γ——h 内土的重度(kN/m^3)，基底为透水地基时水位以下取浮重度。

表 2-12　沉降计算经验系数 ψ_s

$\bar{E}_s$(MPa) 基底附加应力	2.5	4.0	7.0	15.0	20.0
$p_0 \geqslant [f_{a0}]$	1.4	1.3	1.0	0.4	0.2
$p_0 \leqslant 0.75[f_{a0}]$	1.1	1.0	0.7	0.4	0.2

注：$[f_{a0}]$为地基承载力的基本容许值。

$\bar{E}_s$ 为计算深度范围内的压缩模量的当量值。

$$\bar{E}_s = \frac{\sum A_i}{\sum \frac{A_i}{E_{si}}} = \frac{p_0 \sum (z_i \bar{\alpha}_i - z_{i-1} \bar{\alpha}_{i-1})}{p_0 \sum \frac{(z_i \bar{\alpha}_i - z_{i-1} \bar{\alpha}_{i-1})}{E_{si}}} = \frac{\sum (z_i \bar{\alpha}_i - z_{i-1} \bar{\alpha}_{i-1})}{\sum \frac{(z_i \bar{\alpha}_i - z_{i-1} \bar{\alpha}_{i-1})}{E_{si}}} \tag{2-17}$$

表 2-13　矩形面积上均布荷载作用下中点下平均附加压力系数 $\bar{\alpha}$

l/b \ z/b	1.0	1.2	1.4	1.6	1.8	2.0	2.4	2.8	3.2	3.6	4.0	5.0	≥10
0.0	1.000	1.000	1.000	1.000	1.000	1.000	1.000	1.000	1.000	1.000	1.000	1.000	1.000
0.2	0.987	0.990	0.991	0.992	0.992	0.993	0.993	0.993	0.993	0.993	0.993	0.993	0.993
0.4	0.936	0.947	0.953	0.956	0.958	0.960	0.961	0.962	0.962	0.963	0.963	0.963	0.963
0.6	0.858	0.878	0.890	0.898	0.903	0.906	0.910	0.912	0.913	0.914	0.914	0.915	0.915
0.8	0.775	0.801	0.819	0.831	0.839	0.844	0.851	0.855	0.857	0.858	0.859	0.860	0.860

（续表）

l/b z/b	1.0	1.2	1.4	1.6	1.8	2.0	2.4	2.8	3.2	3.6	4.0	5.0	≥10
1.0	0.689	0.728	0.749	0.764	0.775	0.783	0.792	0.798	0.801	0.803	0.804	0.806	0.807
1.5	0.548	0.580	0.604	0.622	0.637	0.648	0.664	0.673	0.679	0.683	0.686	0.690	0.693
2.0	0.446	0.475	0.499	0.518	0.533	0.545	0.563	0.575	0.584	0.590	0.594	0.600	0.606
2.5	0.374	0.401	0.423	0.441	0.455	0.468	0.486	0.500	0.509	0.516	0.522	0.530	0.539
3.0	0.322	0.346	0.366	0.383	0.397	0.409	0.427	0.441	0.451	0.459	0.465	0.474	0.487
3.5	0.282	0.304	0.323	0.338	0.351	0.362	0.380	0.393	0.403	0.412	0.418	0.429	0.444
4.0	0.251	0.271	0.288	0.302	0.314	0.325	0.342	0.355	0.365	0.373	0.379	0.391	0.408
4.5	0.226	0.245	0.260	0.273	0.285	0.294	0.310	0.323	0.333	0.341	0.347	0.359	0.378
5.0	0.206	0.223	0.237	0.249	0.260	0.269	0.284	0.296	0.306	0.313	0.320	0.332	0.352

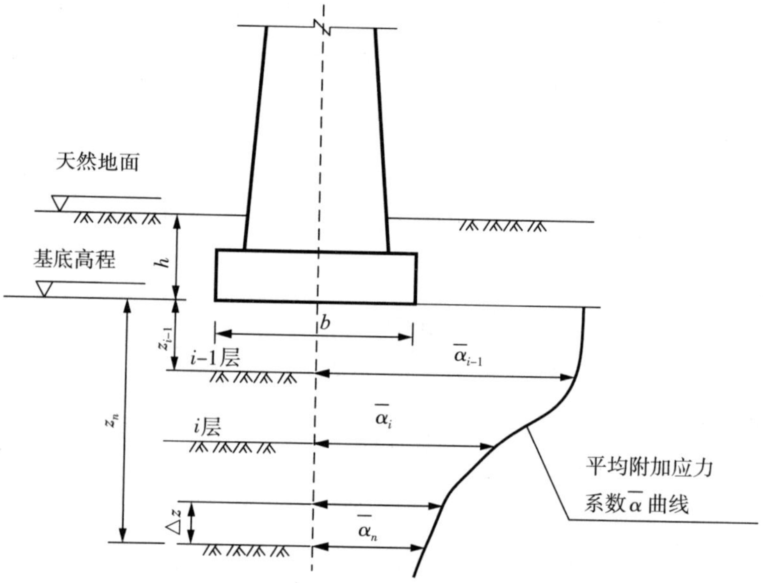

图 2－11　基底沉降计算分层示意图

地基沉降计算时设定计算深度 Z_n，在设定的计算层面往上取 Δz 厚度（表 2－14），其沉降量应满足下式：

$$\Delta S_n \leqslant 0.025 \sum_{i=1}^{n} \Delta S_i \tag{2-18}$$

式中，ΔS_n—— 计算层面往上取 Δz 厚度的沉降量计算值，Δz 见图 2－11 并按表 2－14 采用；

ΔS_i—— 在计算深度范围内，第 i 层土的计算沉降量。

表 2－14　Δz 值

基底宽度 b(m)	≤2	2<b≤4	4<b≤8	b>8
Δz (m)	0.3	0.6	0.8	1.0

已确定的计算深度下面，如仍有较软土层时，应继续计算。

无相邻荷载影响时，基础宽度在 1～30m 范围，地基沉降计算深度也可按下式计算：

$$Z_n = b(2.5 - 0.4\ln b) \tag{2-19}$$

其中，b—— 基础宽度(m)。

在计算深度范围内存在基岩时，Z_n 可取至基岩表面；当存在较厚坚硬($e < 0.5, E_s > 50$MPa) 黏土层，或存在较厚的密实($E_s > 80$MPa) 砂卵石层，Z_n 可取至该土层表面。

2-3-6 基础稳定性验算

一、抗倾覆稳定性验算

桥涵墩台基础的抗倾覆稳定性，按图 2-12 所示。

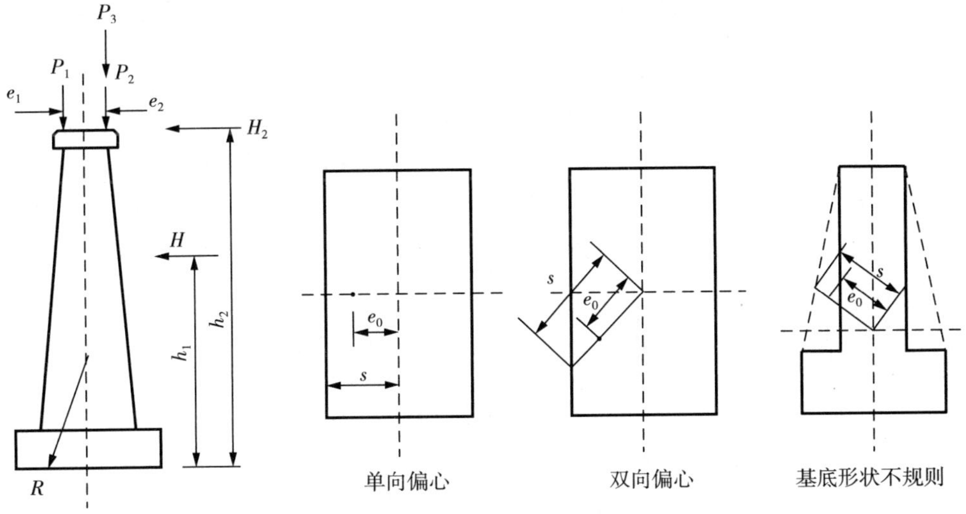

图 2-12 墩台基础抗倾覆稳定性验算示意图

其抗倾覆稳定性系数按以下公式计算：

$$K_0 = \frac{s}{e_0} \geqslant [k_0] \tag{2-20}$$

$$e_0 = \frac{\sum P_i e_i + \sum H_i h_i}{\sum P_i} \tag{2-21}$$

其中，K_0—— 墩台基础抗倾覆稳定性系数(见表 2-15)；

s—— 在截面重心至合力作用点的延长线上，自截面重心至验算倾覆轴距离(m)；

e_0—— 所有外力的合力 R 在验算截面上的作用点对基底重心轴的偏心距(m)；

P_i—— 不考虑其分项系数和组合系数的作用标准值组合或偶然作用(地震除外) 标准值组合引起的竖向力(kN)；

e_i—— 竖向力 P_i 对验算截面重心的力臂(m)；

H_i—— 不考虑其分项系数和组合系数的作用标准值组合或偶然作用(地震除外)标准值组合引起的水平力(kN);

h_i—— 水平力 H_i 对验算截面重心的力臂(m)。

注:弯矩应视其绕验算截面重心轴的不同方向取正负号;对于矩形凹缺的多边形基础,其倾覆轴应取基底截面的外包线。

二、滑动稳定性验算

桥涵墩台基础的抗滑动稳定性系数 K_c 按下式计算:

$$K_c = \frac{\mu \sum P_i + \sum H_{ip}}{\sum H_{ia}} \quad (2-22)$$

其中,K_c—— 墩台基础抗滑动稳定性系数(见表 2-15);

$\sum P_i$—— 竖向力总和(kN);

$\sum H_{ip}$—— 抗滑动稳定水平力总和(kN);

$\sum H_{ia}$—— 滑动水平力总和(kN);

μ—— 基础底面与地基之间的摩擦系数,通过试验确定,当缺少实际资料时,参照表2-16。

注:$\sum H_{ip}$、$\sum H_{ia}$ 分别为两个相对方向的各自水平力总和,绝对值大者为滑动水平力 $\sum H_{ia}$,另一个为抗滑动稳定力 $\sum H_{ip}$;$\mu \sum P_i$ 为抗滑动稳定力。

验算墩台抗倾覆和抗滑动的稳定性时,稳定性系数不应小于表 2-15 中的规定。

表 2-15 抗倾覆和抗滑动稳定性系数

作用组合		验算项目	稳定性系数
使用阶段	永久作用(不计混凝土收缩及徐变、浮力)和汽车、人群的标准值效应组合	抗倾覆 抗滑动	1.5 1.3
	各种作用(不包括地震作用)的标准值效应组合	抗倾覆 抗滑动	1.3 1.2
施工阶段的标准值效应组合		抗倾覆 抗滑动	1.2

表 2-16 基底摩擦系数

地基土分类	μ	地基土分类	μ
黏土(流塑~坚硬)、粉土	0.25	软岩(极软岩~较软岩)	0.40~0.60
砂土(粉砂~砾砂)	0.30~0.40	硬岩(较硬岩、坚硬岩)	0.60~0.70
碎石土(松散~密实)	0.40~0.50		

【案例】

刚性扩大基础算例

某桥墩为混凝土实体墩刚性扩大基础，控制设计的作用效应组合：支座反力 840kN 及 930kN，桥墩及基础自重 5480kN，设计水位以下墩身及基础浮力 1200kN，制动力 84kN，帽与墩身风力分别为 2.1kN 和 16.8kN。结构尺寸及地质、水文资料见图 2－13（基底宽 3.1m，长 9.9m）。试验算：

(1)地基承载能力；

(2)基底合力偏心距；

(3)基础稳定性。

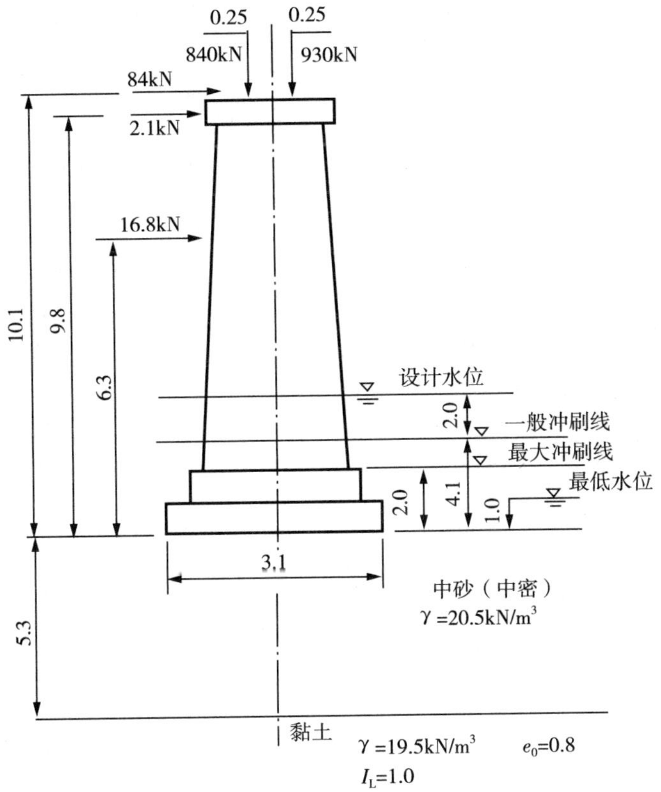

图 2－13　计算示例图(尺寸单位：m)

1. 作用计算

1)作用在基础底面的总轴向力

考虑浮力作用时：

$$\sum N = 840 + 930 + 5480 - 1200 = 6050(\text{kN})$$

不考虑浮力作用时：

$$\sum N = 840 + 930 + 5480 = 7250(\text{kN})$$

2）作用在基础底面的总弯矩

$$\sum M = 930 \times 0.25 - 840 \times 0.25 + 84 \times 10.1 + 2.1 \times 9.5 + 16.8 \times 6.3 = 997.3(\text{kN} \cdot \text{m})$$

2. 持力层地基承载力验算

(1) 基底应力计算

根据《公路桥涵地基基础设计规范》(JTG D63—2007) 规定，进行地基承载能力验算，浮力按最低水位考虑或不考虑浮力，此处偏安全考虑，不计浮力作用。

$$e_0 = \frac{\sum M}{\sum N} = \frac{997.3}{7250} = 0.138(\text{m})$$

$$\rho = \frac{b}{6} = \frac{3.1}{6} = 0.51(\text{m})$$

$$p_{\min}^{\max} = \frac{N}{A}\left(1 \pm \frac{e_0}{\rho}\right) = \frac{7250}{3.1 \times 9.9}\left(1 \pm \frac{0.138}{0.51}\right) \approx \begin{matrix} 299.95(\text{kPa}) \\ 172.52(\text{kPa}) \end{matrix}$$

(2) 持力层地基承载能力

地基土为中密中砂，查表 2-3 可得，地基承载能力基本容许值$[f_{a0}] = 370\text{kPa}$。

$b > 2$，$h > 3$，故$[f_{a0}]$须进行修正。查表 2-8，中密中砂，$k_1 = 2.0$，$k_2 = 4.0$；持力层位于设计水位以下，故 γ_1，γ_2 取浮重度：

$$\gamma' = \gamma_{sat} - \gamma_w = 20.5 - 10 = 10.5(\text{kN/m}^3)$$

$$h = 4.1(\text{m}), \frac{h}{b} = \frac{4.1}{3.1} \approx 1.32 < 4$$

故经过深、宽修正后的地基容许承载力：

$$\begin{aligned}[f_a] &= [f_{a0}] + k_1\gamma_1(b-2) + k_2\gamma_2(h-3) \\ &= 370 + 2.0 \times 10.5 \times (3.1 - 2) + 4.0 \times 10.5 \times (4.1 - 3) \\ &= 439.3(\text{kPa})\end{aligned}$$

此处，控制作用组合中有风力及制动力参与组合，根据《公路桥涵地基基础设计规范》(JTG D63—2007) 规定，使用阶段当地基承受作用用短期效应组合时，$\gamma_R = 1.25$，$P_{\max} = 299.95(\text{kPa}) < \gamma_R[f_a] = 1.25 \times 439.3 = 549.88(\text{kPa})$，故持力层承载能力满足要求。

3. 软弱下卧层容许承载力验算

黏土 $e_0 = 0.8$，$I_L = 1.0$，查表 2-6 得$[f_{a0}] = 150\text{kPa}$，小于中砂层地基承载能力基本容许值$[f_{a0}] = 370\text{kPa}$，所以必须进行软弱下卧层承载能力验算。

(1) 软弱下卧层顶面总应力

$z=5.3$(m)，由 $\frac{z}{b}\approx\frac{5.3}{\frac{3.1}{2}}\approx 3.42$，$\frac{l}{b}=\frac{\frac{9.9}{2}}{\frac{3.1}{2}}=3.19$，查土力学教材可得基础中点下附加应力系数 $\alpha=0.30$。

$$\frac{z}{b}=\frac{5.3}{3.1}=1.71>1,\ p=\frac{p_{\max}+p_{\min}}{2}=\frac{299.95+172.52}{2}=236.24(\text{kPa})$$

$$\begin{aligned}p_z&=\gamma_1(h+z)+\alpha(p-\gamma_2 h)\\&=20.5\times(4.1-1)+10.5\times(1+5.3)+0.30\times(236.24-10.5\times 4.1)\\&=187.67(\text{kPa})\end{aligned}$$

(2) 软弱下卧层地基容许承载能力

黏土 $e_0=0.8$，$I_L=1.0$，查表 2-8，$k_1=0$，$k_2=1.5$

$$[f_a]=[f_{a0}]+k_2\gamma_2(h-3)=150+1.5\times 20.5\times(4.1+5.3-3)=346.8(\text{kPa})$$

(3) 软弱下卧层承载能力验算

$$p_z=187.67(\text{kPa})<\gamma_R[f_a]=1.25\times 346.8=433.5(\text{kPa})\quad\text{（满足要求）}$$

4. 基底合力偏心距验算

墩台承受作用标准值组合，非岩石地基，应 $[e]\leqslant\rho_1$。

$$e_0=\frac{\sum M}{\sum N}=\frac{997.3}{7250}\approx 0.138(\text{m})$$

$$\rho=\frac{b}{6}=\frac{3.1}{6}=0.51(\text{m})$$

故 $e_0<\rho$，合格。

5. 基础稳定性验算

根据《公路桥涵地基与基础设计规范》(JTG D63—2007) 规定，进行基础稳定性验算时，应考虑设计水位的浮力，此处考虑浮力作用。

(1) 抗倾覆稳定性验算

$$e_0=\frac{\sum M}{\sum N}=\frac{997.3}{6050}=0.165(\text{m})$$

$$K_0=\frac{y}{e_0}=\frac{\frac{b}{2}}{e_0}=\frac{1.55}{0.165}=9.39>1.3$$

抗倾覆稳定性验算满足要求。

(2) 抗滑移稳定性验算

查表 2-16，中密中砂，取 $\mu=0.35$。

$$K_c=\frac{\mu\sum P_i+\sum H_{ip}}{\sum H_{ia}}=\frac{0.35\times 6050}{84+2.1+16.8}=20.58>1.2$$

抗滑移稳定性验算满足要求。

【学习实践】

1. 阐述刚性扩大基础的设计步骤。
2. 刚性扩大基础的埋深与哪些因素相关？
3. 持力层和软弱下卧层的概念。
4. 合力偏心距的计算方法。
5. 基础稳定性的验算方法。

【实践过程】

【学习心得】

通过本任务的学习，我的体会有……………………………………………………

…………………………………………………………………………………………

…………………………………………………………………………………………

…………………………………………………………………………………………

…………………………………………………………………………………………

…………………………………………………………………………………………

…………………………………………………………………………………………

…………………………………………………………………………………………

…………………………………………………………………………………………

…………………………………………………………………………………………。

任务 2－4　刚性扩大基础施工

【学习目标】

1. 掌握刚性扩大基础的施工工序。
2. 熟悉基坑围护的方法。
3. 了解围堰工程。

【学习内容】

刚性扩大基础的施工采用明挖的方法进行基坑开挖，开挖工作应尽量在少雨或枯水季节进行，且不宜间断。基坑挖至基底设计高程应立即对基底土质及坑底情况进行检验，验收合格后应尽快修筑基础，尽量减少基坑暴露时间。

水中开挖基坑还需先修筑防水围堰（在基坑四周预先修筑的一道封闭的临时性的挡水结构物）。

2－4－1　施工前的准备工作

一、技术准备

认真阅读设计文件，领会设计意图，在现场核对设计文件，对高程坐标进行复核计算，根据结构形式和现场情况编制实施性施工技术方案。

二、人员组织

根据施工需要配备相应的技术人员和技术工人，常用的技术人员有测量员和实验员，技术工人包括电焊工、模板工、混凝土工。

三、材料、机械设备准备

准备好基础施工的相应材料，常用材料有钢筋、混凝土和片石。

常用机械设备：

（1）土方施工机械（推土机、铲运机、单斗挖土机、装载机、运土车等）。

（2）基坑排水降水施工机械。

（3）基坑支护施工机械。

（4）混凝土浇筑施工机械。

四、现场作业条件准备

（1）清理障碍物。

（2）测量布点。

(3)排水降水。
(4)运土道路。
(5)修建临时设施。
(6)四通一平。
(7)回填土留置场所。

五、建立质量保证体系、安全保证体系、环境保护体系

建立相应的质量保证体系、安全保证体系及环境保护体系。

2-4-2 旱地上基坑开挖

基坑施工时应注意下列事项：
(1)保证施工时的安全。
(2)满足基础施工时工程结构尺寸、工程质量、操作需要的要求。
(3)节省投资、工期短、回填工程少。

一、基础定位放样

基础定位放样就是根据设计的桥墩、桥台基础的位置和尺寸，将其在施工现场的地面上标定下来，包括基础和基坑的平面位置和基础各部分的高程的定位。旱地上浅基础定位放样的施工工序如下，确定桥梁中轴线的定位桩→确定墩台基础底面形心点的定位桩→确定墩台基础横轴线的定位桩(图 2-14)→确定各基础的基坑尺寸和开挖边线→在基坑开挖边线外围设置龙门板和基础轴线控制点(图 2-15)→在施工现场基坑开挖边线外围临时水准点。

注意：基础底面形心点的定位桩在基坑开挖时将被挖除，所以基础纵横轴线的定位桩均必须设置在基坑开挖边线外围，且不受施工影响的地方，并应设置备用护桩。

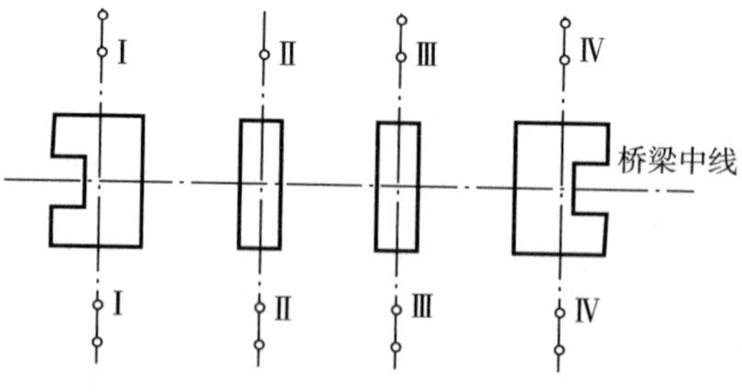

图 2-14 基础定位放样

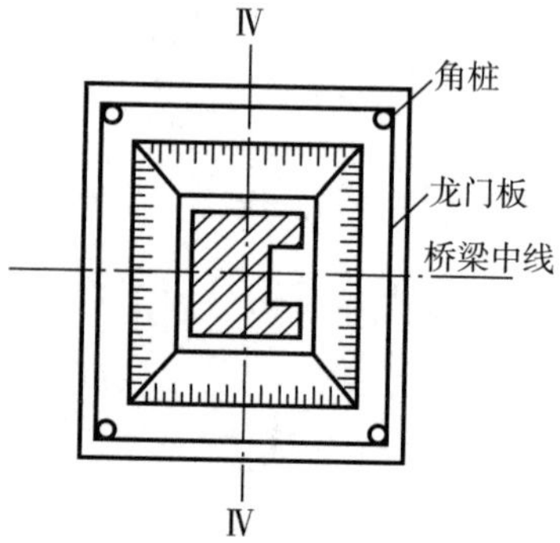

图 2-15 基坑放样

二、基坑开挖

开挖作业方式以机械作业为主，采用挖掘机作业辅以人工清槽。挖土尽可能地远离基坑边缘，以免塌方和影响施工。

基坑开挖应连续施工，避免晾槽，一次开挖距基坑底面以上要预留 20～30cm，待验槽前人工一次清除至标高，以保证基坑顶面坚实。同时保证基底应符合设计要求的嵌岩深度。

为避免雨水冲坏坑壁，基坑顶四周应做好排水，截住地表水，基坑下口的开挖的大小应满足基础施工的要求，在基底平面尺寸可适当加宽 0.5～1.0m，便于设置排水沟和安装模板。坑壁坡度根据《公路桥涵施工技术规范》(JTG/T F50—2011)按表 2－17 确定。

表 2－17　基坑坑壁坡度

坑壁土类	坑壁坡度		
	坡顶无荷载	坡顶有静荷载	坡顶有动荷载
砂类土	1∶1	1∶1.25	1∶1.5
卵石、砾类土	1∶0.75	1∶1	1∶1.25
粉质土、黏质土	1∶0.33	1∶0.5	1∶0.75
极软岩	1∶0.25	1∶0.33	1∶0.67
软质岩	1∶0	1∶0.1	1∶0.25
硬质岩	1∶0	1∶0	1∶0

注：①坑壁有不同土层时，基坑坑壁坡度可分层选用，并酌情设置平台；
② 坑壁土类按照现行《公路土工试验规程》(JTG E40—2007)划分；
③ 岩石单轴极限抗压强度＜5.5MPa、5～30MPa、＞30MPa 时，分别定为极软、软质、硬质岩；
④ 当基坑深度大于 5m 时，基坑坑壁坡度可适当放缓或加设平台。

岩石地基开挖坑壁坡度如表 2－17 所列。硬质岩可垂直向下开挖，一般设计深度为风化岩层厚度。新鲜基岩、微风化或弱风化岩层都可做基础持力层。

开挖一般采用人工开挖，必要时可采用松动爆破，但要严格控制爆破深度和用药量，防止过量爆破引起持力层松动破坏。根据岩层的风化程度、倾向、倾角及发育情况，可采用适当方法进行坑壁防护。挖出渣石必须运至设计指定位置，不能对施工安全或周围群众生产、生活、环境造成危害。

2－4－3　基坑坑壁围护

基坑开挖时根据土质及开挖深度对坑壁予以围护或不围护，围护的方式有多种多样，应根据地质水文资料及现场具体情况决定坑壁坡度或支护方案，做好防水、排水工作。

一、无围护基坑

适用于基坑较浅、地下水位较低或渗水量较少、不影响坑壁稳定的情况。此时可将坑壁挖成竖直或斜坡形。竖直坑壁只适宜在岩石地基或基坑较浅又无地下水的硬黏土中采用，这种开挖方式省工省时、灌注基础还可采用满坑灌注，节约了模板及其制作、拆卸工时，是一种非常好的施工方法。非岩石的黏土类土的坑壁，欲采用垂直开挖，其开挖深度数值如下。

$$h_{\max}=\frac{2c}{K\cdot\gamma\cdot\tan\left(45^{\circ}-\frac{\varphi}{2}\right)}-\frac{q}{\gamma} \tag{2-18}$$

其中，q——坑顶护道上的均布荷载(kPa)；

c——坑壁土的黏聚力(kPa)；

φ——坑壁土的内摩擦角；

γ——坑壁土的重度(kN/m^3)；

K——安全系数，可采用1.25。

在一般土质条件下开挖基坑时，应采用放坡开挖的方法，如地基土的湿度较大可能引起坑壁坍塌时，应适当放缓坡度；如水文地质条件较差时，应增宽护道或加固边坡；当深度超过5m时，可将边坡适当放缓，或加设平台；基坑顶缘有动荷载时，基顶边缘与动荷载之间至少留宽1m的护道，动载过大时，宜增宽护道或采取加固措施。

施工过程中，发现地质水文情况与设计不符，如下列情况时，应改变基坑尺寸：

(1)当地基土与设计不符，达不到设计承载力要求时，应予扩大基础或对基底土进行换填。

(2)实际的地下水渗流量很大，坑壁土容易坍塌，需加深排水沟放缓边坡，最终加大基坑开挖尺寸。

(3)既定边坡不合适，设计文件提供的地质资料与实际情况不符(同一土质，其紧密与否，含水量不同，含砂粒和黏粒的比例不同，或土石分界线不符都对边坡有影响)，应修改设计边坡。

二、有围护基坑

1. 挡板支撑

这种围护结构适用于开发面积不大，深度较浅的基坑，挡板厚4～6cm，可直立或横放，再用横挡板或竖挡板加横撑木支撑，如图2-16、图2-17所示。为便于挖基运土，上、下支撑应设在同一垂直面内。图2-16a的方法是一次挖至基底后再安装挡板支撑。对有些黏性差、易坍塌的土，可分段下挖，随挖随撑，如图2-16b所示。图2-16中挡板用密排方式，为节省木材三方式，但必须以坑壁土不从间隙中塌落为前提。

图2-17的方法要比竖直挡板加固坑壁简便。当土质密实且黏性较好时，可一次挖到坑底后进行支撑加固，如图2-16a所示；如遇黏性较差易坍塌的土，则可分层开挖、支撑，最后以长立木替换短木即可，如图2-17b所示。挡板支撑的作用是挡土，工作特点是先开挖，后设围护结构。

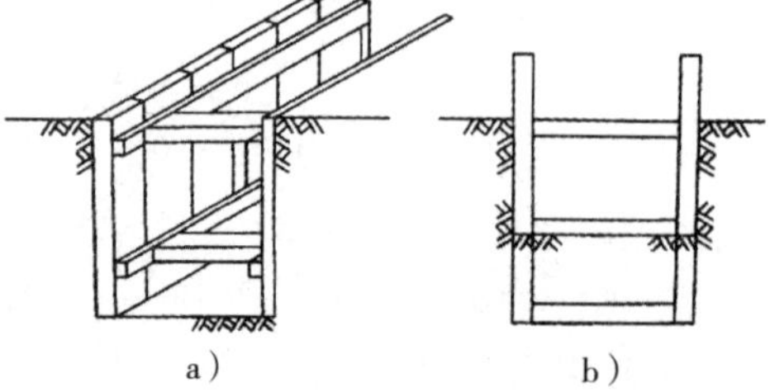

图2-16　垂直挡土板支撑

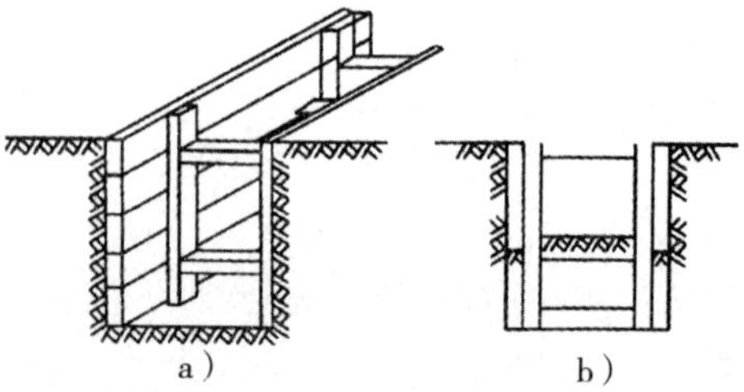

图2-17　水平挡土板支撑

2. 板桩墙支护

板桩是在基坑开挖前先垂直打入土中至坑底以下一定深度，然后边挖边设支撑，开挖基坑过程中始终是在板桩支护下进行。

板桩墙分无支撑式(图 2－18a)、支撑式和锚撑式(图 2－18d)。支撑式板桩墙按设置支撑的层数可分为单支撑板桩墙(图 2－18b)和多支撑板桩墙(图 2－18c)。由于板桩墙多应用于较深基坑的开挖，故多支撑板桩墙应用较多。

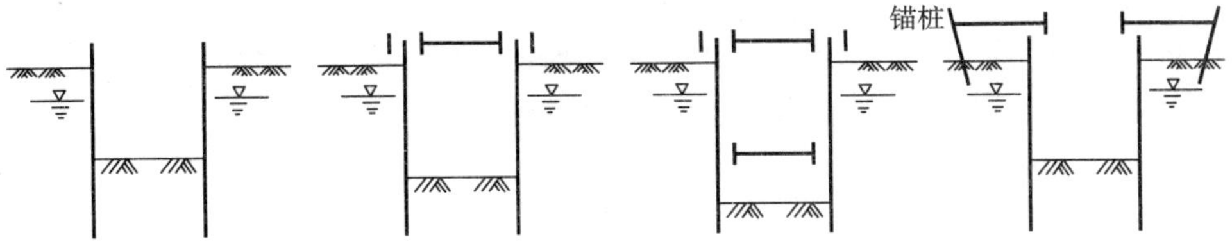

图 2－18　板桩墙支护

常用的板桩材料有木板桩、钢筋混凝土板桩、钢板桩三种。

3. 混凝土护壁

1)喷射混凝土护壁

喷射混凝土护壁是以高压空气为动力，将搅拌均匀的砂、石、水泥和速凝剂干料，由喷射机经输料管吹送到喷枪，在通过喷枪的瞬间，加入高压水进行混合，自喷嘴射出，喷射在坑壁，形成环形混凝土护壁结构，以承受土压力。适用于土质较稳定，渗水量不大，深度小于 10m，直径为 6～12m 的圆形基坑。但目前在工程中应用还不广泛。工艺要求有：

(1)喷射高度。开挖基坑与喷射混凝土均分节进行，每挖一层喷护一层，每层高度 1m 左右，渗水大时，每层高度不宜超过 0.5m。

(2)喷射厚度。土质较好(黏性土、砂土、碎石类土)，无渗水时厚度可取 3～8cm；有少量渗水时可取 5～10cm。土质较差(淤泥、粉砂土等)无渗水时厚度可取 10～15cm；有少量渗水时可取 15cm；有大量渗水时可取 15～20cm。

(3)喷射顺序。无水、少量渗水的坑壁应由下往上喷射；大量渗水的坑壁应由上往下喷射；对于有集中股水的基坑应由无水、少水处逐渐向水大处喷护，最后用竹管将集中的股水引出。

(4)材料要求。混凝土应当早强、速凝、有较高的不透水性，且其干料能顺利通过喷射设备。水泥应用硬化快、早期强度高、保水性能较好的硅酸盐水泥或普通硅酸盐水泥，其强度等级不低于 32.5 号。

2)现浇混凝土护壁

现浇混凝土护壁与喷射混凝土相比，两者均利用混凝土环形结构承受土压力，区别于现浇混凝土护壁的现浇混凝土在现场浇筑(非喷射)，护壁厚度一般为 15～30cm，最小不应小于 10cm。

采用现浇混凝土护壁时，基坑自上而下分层垂直开挖，开挖一层后随即浇筑一层混凝土壁。为防止已浇筑的混凝土施工时因失去支撑而下坠，顶层混凝土应一次整体浇筑，以下各层均间隔开挖和浇筑，并将上下层混凝土纵向接缝错开。开挖面应均匀分布对称施工,及时浇筑混凝土壁支护,每层坑壁无混凝土壁支护总长度应不大于周长的一半。分层高度以垂直开挖面不坍塌为原则,一般逐节开挖深度不超过 2m。

现浇混凝土护壁要求有熟练的技术工人和专门设备,对混凝土用料的要求也较严,用于超过 10m 的深基坑尚无成熟经验,因而有其局限性。

现浇混凝土护壁适用于除流砂及呈流塑状态的黏性土以外的各类土的基坑开挖防护。

4. 基坑变形观测

(1)在基坑开挖前,应根据基坑的开挖方案以及周边的环境制定基坑变形观测方案。

(2)施工过程中通过对基坑周围地层位移、基坑围护结构的变形和附近建筑物的沉降的观测,对比分析设计与现场的差异,及时修正围护设计。合理安排下一步施工工序,确保施工和围护的安全。

(3)观测点的位置要能充分体现基坑及围护结构的稳定性的特点,如设置在坑顶周边、坡脚、坑壁中部围护结构等。

(4)在每层开挖过程中,大的降雨、降雪等使基坑环境发生变化的情况下都需进行观测,并及时做好记录。

(5)观测工作应有专人负责,根据观测方案及时观测并整理结果,绘制变形曲线,根据变形结果及时调整施工工艺及围护设计,确保安全、经济。

2-4-4 基坑排水

基坑如在地下水位以下,随着基坑的下挖,渗水将不断涌进基坑,因此施工过程中必须不断地排水,以保持基坑的干燥,便于基坑挖土和基础的砌筑与养护。目前常用的基坑排水方法有集水坑排水和井点法降低地下水位两种。

一、集水坑排水

这种方法又叫表面排水法,是在基坑整个开挖过程及基础砌筑和养护期间,在基坑四周开挖集水沟汇集坑壁及基底的渗水,并引向一个或数个比集水沟挖得更深一些的集水坑,后用水泵抽出。集水沟和集水坑应设在基础范围以外,在基坑每次下挖以前,必须先挖沟和坑,随着基坑的挖深,集水沟应低于基坑底面 0.3～0.5m,集水坑也随着降低,并始终低于基坑底面 0.8～1.0m。集水坑水深应能淹没抽水机的吸水龙头,坑壁可用竹、木筐等简易加固围护,并用麻袋包住吸水龙头,以防泥砂堵塞龙头。

这种排水方法设备简单、费用低,一般土质条件下均可采用。但当地基土为饱和粉细砂土等黏聚力较小的细粒土层时,由于抽水会引起流砂现象,造成基坑的破坏和坍塌,因此当基坑土为这类土时,应避免采用集水坑排水。

二、井点降水

这种方法又称为人工降低地下水位法,适用于旱地上透水性较大的粉砂、细砂或是软土地区的地基,能有效防止表面排水时可能发生的流砂。根据使用设备的不同,主要有轻型井点、喷射井点、电渗井点和深井泵井点等多种类型,各种方法的选用可根据土的渗透系数、要求降低水位的深度及工程特点、设备及经济技术等具体条件选用。

轻型井点降水是在基坑开挖前预先在基坑四周打入(或沉入)若干根井管，井管下端1.5m左右为滤管(应设于透水性良好的土层)，上面钻有若干直径约2cm的滤孔，外面用过滤层包扎起来，各个井管用集水管连接并抽水，如图2-19所示。抽水使井管两侧一定范围内的水位逐渐下降，各井管相互影响形成了一个连续的疏干区。在整个施工过程中保持不断抽水，使地下水位始终保持在基坑开挖底面以下，直至施工结束为止，以保证在基坑开挖和基础砌筑的整个过程中基坑始终保持着无水状态。该法可以避免发生流砂和边坡坍塌现象，并增加土中有效应力，提高土的强度和密实度。

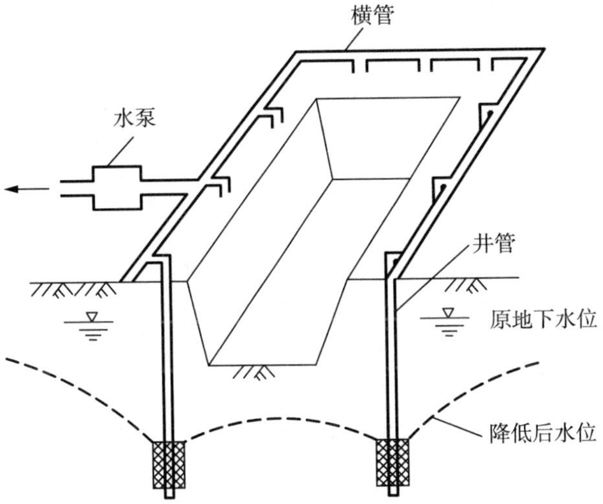

图2-19　井点降低地下水位

2-4-5　水中基坑开挖时的围堰工程

在水中修筑桥梁基础时，开挖基坑前需在基坑外围修筑一道封闭的临时挡水结构物，这种结构物称为围堰。围堰修筑好以后，才可排水开挖基坑修筑基础。如排水较困难，也可在围堰内进行水下挖土，挖至预定高程后先灌注水下封底混凝土，然后再抽干水继续修筑基础。在围堰内不但可以修筑浅基础，也可以修筑桩基础等。

围堰的种类有土围堰、土袋围堰、钢板桩围堰、单(双)壁钢围堰和地下连续墙围堰等，应按水文地质、通航情况、基础埋深及具体施工条件等因素选用。各种围堰都须满足下列要求：

(1)围堰顶面高程应高出施工期间中可能出现的最高水位(包括浪高)0.5～0.7m。

(2)修筑围堰后将压缩河道断面，使流速增大引起冲刷，或堵塞河道影响通航，因此要求河道断面压缩一般不超过流水断面积的30%。对两边河岸河堤或下游建筑物有可能造成危害时，必须征得有关主管单位同意并采取有效防护措施。

(3)围堰内面积应满足坑壁放坡和基础施工的要求。

(4)围堰结构应能承受施工期间产生的土压力、水压力以及其他可能发生的作用，满足自身强度和稳定要求。

(5)围堰应具有良好的防渗、防冲刷性能。

一、土围堰

水深不超过 1.5m,流速在 0.5m/s 以内,河床土质渗水性较小时可采用土围堰,如图 2－20所示,堰顶宽一般 1～2m,堰外边坡视填土在水中的自然坡度而定,一般为 1∶2～1∶3;堰内坡度一般为 1∶1～1∶1.5,坡脚距基坑边缘距离根据河床土质及基坑深度而定,但不得小于 1m。用砂土填筑的围堰坡度均应比黏土围堰的内外坡度平缓一些。为了减少渗水,当用砂土填筑时,需在外坡侧面用黏土覆盖或设黏土填心墙,但筑堰的土最好用黏土或粉黏土。筑堰前应先将堰底河床的树根、石块、杂草等清除,然后从上游开始填筑堰体至下游合龙,注意不要直接向水中倾卸填土,而应顺已出水面的填土坡面往下倒,填土出水面后进行夯实。为防止水流对围堰外侧的冲刷,可在外坡面用草皮、柴排、片石或内填砂土的草袋加以防护。

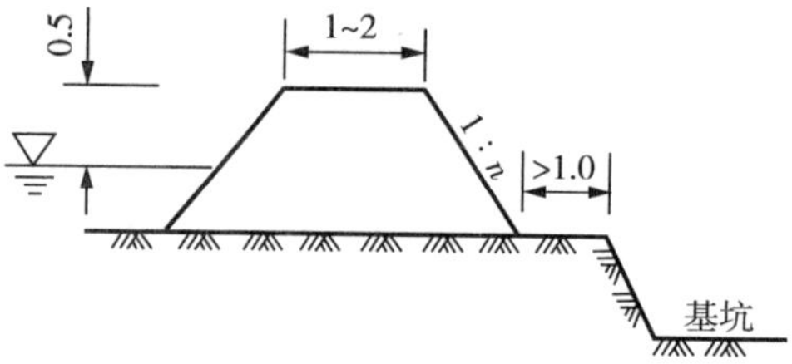

图 2－20　土围堰(单位:m)

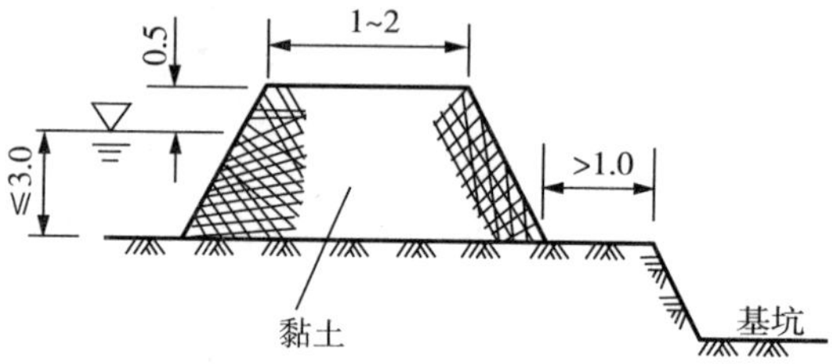

图 2－21　土袋围堰(单位:m)

二、土袋围堰

用草袋、麻袋、玻璃纤维袋等装土码叠而成的围堰统称土袋围堰。当水深不超过 3m,流速在 1.5m/s 以内,河床土质渗水性较小时,可采用土袋围堰,如图 2－21 所示,堰顶宽一般为 1～2m,有黏土心墙时为 2～2.5m;堰外边坡视水深及流速而定,一般为 1∶0.5～1∶1,堰内坡度一般为 1∶0.2～1∶0.5,内坡脚距基坑边缘距离不小 1m。土袋中宜装不渗水的黏性土,装土量宜为袋容量的 1/2～2/3,装土过多,堆码不平稳,袋间空隙多,易渗漏,袋口应缝合。

三、钢板桩围堰

当水较深或覆盖层较厚时,可采用钢板桩围堰,钢板桩适用于半干硬黏土、砂类土、碎软石类土和风化岩等土层。修建水中桥梁基础常使用单层钢板桩围堰,其支撑(一般为万能杆件构架,也采用浮箱拼装)和导向(由槽钢组成内外导环)系统的框架结构称“围囹”或“围笼”(图 2－22)。

四、竹(铅丝)笼、钢笼围堰

这种围堰适用于河床为岩石不能打桩,或水流速较大、水深在 4m 以内可筑竹(铅丝)

笼围堰;水深超过 4m 可筑钢笼围堰。围堰的宽度为水深的 1.0～1.5 倍,笼子直径视水深及流速而定,一般为 80～100cm。为了防止堰底和河床被水冲刷,可在堰底外围填以黏土或抛堆土袋护脚。

竹(铅丝)围堰是在笼子里填筑土、石,依靠本身重力抵抗水流的冲击,故适用的水深比土袋围堰深。制作应坚固,可使用钢筋串联、螺栓连接以及铁丝捆扎等方法加固。按照水深、流速、基坑大小及防渗要求,竹(铅丝)笼围堰可做成单层或双层。

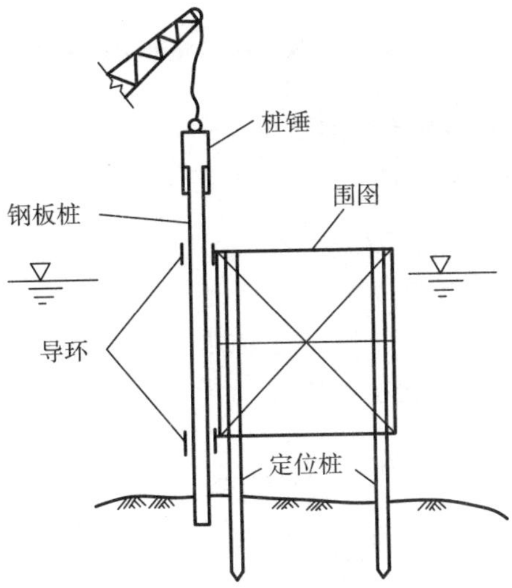

图 2－22　围囹法打钢板桩

在深水条件下修建桥梁基础时,因施工时受水位控制,施工周期较长,宜采用可快速焊接拼装的钢笼围堰作用防水结构。钢笼一般做成套箱,故亦称套箱围堰。套箱是一种无底的围套,内设木、钢支撑组成支架。在工程实践中,考虑到围堰受力随水深变化的特点、工程经济要求以及施工工艺的要求,钢笼围堰常用的有单壁、双壁及单双壁结合等形式。

单壁钢围堰(图 2－23)是由单层钢板焊接而成的隔水结构,围堰内壁用槽钢桁架进行水平及竖向支撑,以保证必需的抗水压刚度。

双壁钢围堰(图 2－24)是一个带有斜面刃脚的圆筒形双壁水密钢结构,内外两层钢板间用角钢加强连接,并根据施工要求分成若干隔仓。围堰不参与主体结构的受力,根据施工条件围堰全高可分数节制作,每节又对称分成数个单元块。施工时,将已经拼好的底节围堰浮运就位,再接高并在隔仓内灌水或混凝土下沉至设计标高。

图 2－23　单壁钢围堰

图 2－24　双壁钢围堰底节

2－4－6　基底的检验与处理

基底检验的目的是核对地质资料,检查基坑地质与工程地质勘查报告、设计图纸要求是否相符，有无破坏原状土结构或发生较大的扰动现象；当发现地质条件与勘察报告和设计文件不一致，或遇到异常情况时，应结合地质条件提出处理意见。

一、基底检验的内容

基底检验的内容包括：

(1)检查基底平面位置、尺寸大小和基底标高；

(2)检查基底地质情况和承载力是否与设计资料相符；

(3)检查基底处理和排水情况是否符合现行规范要求；

(4)检查基坑施工记录及有关试验资料等。

二、基底检验的方法

基底检验按桥涵大小、地基土质复杂(如溶洞、断层、软弱夹层、易溶岩等)情况及结构对地基有无特殊要求，可采用以下方法：

(1)小桥涵的地基检验方法一般采用直观的表面检查或触探方法，必要时可进行土质试验。

(2)大、中桥和地基土质复杂、结构对地基有特殊要求的地基检验，一般采用触探和钻探(钻深至少4m)取样做土工试验相结合的检验方法。当地基遇有下列情况之一时，应进行荷载试验。

① 强烈风化的岩层；

② 松砂地基($D_r \leqslant 0.33$)；

③ 软黏性土($I_L > 1.0$)；

④ $e > 0.7$ 的粉砂、$e > 1.0$ 的粉质黏土及 $e > 1.1$ 的黏土；

⑤ 含有大量有机质的砂土、黏土；

⑥ 含大量杂质的杂填土(如瓦片、碎砖等)。

(3)特大桥的地基检验方法应按设计要求进行检验。

三、基底检验的后续处理

基底检验合格后，还应按不同地质情况，做如下处理：

(1)在黏性土层上的基础，修整承重面时，应按其天然状态铲平，不得用回填土夯实的办法处理。必要时可在基底夯入10cm以上的碎石层，碎石层顶面应低于基底标高。修整妥善后应在短时间内浇筑基础，不得暴露过久。

(2)对碎石土或砂土。其承重面经过修理平整后，在基础施工前应先铺一层2cm厚的水泥砂浆。

(3)对未风化的岩层，应先将岩层面上的松散石块、淤泥、苔藓等清除干净。若岩层倾斜，应将岩面凿平。为防止基础滑动，可采取必要的锚固措施，以加强基础与岩层之间的连接。

(4)对软硬不均匀的地层，应将软质土层挖除，使基础全部支承在硬土上，以避免基础发生不均匀下沉或倾斜。

(5)坑底如发现有泉眼涌水，应立即堵塞（如用木棒塞住泉眼）或排水加以处理，不得任其浸泡基坑。

(6)溶洞地基的处理：

① 影响基底稳定的溶洞，不得堵塞溶洞的水路。

② 干溶洞可用砂砾石、碎石、干砌或浆砌片石及灰土等回填密实。

③ 基底干溶洞较大，回填处理有困难时，可采用桩基处理，桩基应进行设计，并经有关单位批准。

2-4-7 基础的浇(砌)筑及基坑的回填

刚性扩大基础的种类有混凝土（片石混凝土、钢筋混凝土）、浆砌块（片）石等几种，现将施工方法介绍如下。

一、混凝土和片石混凝土基础

1. 测量放样

放出基础的中心和角桩位置，使基础与设计吻合。为便于校核，将基础纵、横轴线从基坑处引至安全的地方，并对轴线桩加以有效的保护。

2. 模板制作与安装

根据放样位置准确安装固定模板。加工好的模板运到现场，涂刷脱模剂，拼装模板时应注意保证拼缝的密封性，防止漏浆。为保证模板的整体稳定，加强模板支撑措施。

3. 混凝土浇筑及养护

立模验收合格后，进行浇筑混凝土。控制混凝土的拌和质量，如为片石混凝土控制片石的掺量。混凝土采用混凝土泵输送浇筑或溜槽等方式保证混凝土的自由落差不大于2m，防止混凝土离析。在每层混凝土浇筑过程中，采用插入式振动棒振捣密实。振动棒应避免碰撞模板。混凝土浇筑完毕后，应及时收浆，并进行保温、养护。基础混凝土浇注完成24h后，即要进行浇水养护，浇水养护的时间不少于10d。

二、钢筋混凝土基础

基底及基坑验收合格完成后尽快绑扎、安装钢筋，在底部放置混凝土垫块，保证混凝土净保护层厚度，同时安放墩柱或台身的预埋钢筋，并保证其位置准确；对全部钢筋进行检查验收，保证其根数、直径、间距、位置满足要求后，即可安装模板，模板安装须符合设计图纸和施工技术规范要求，完成钢筋和模板安装后，即可浇筑混凝土。

三、浆砌块(片)石基础

(1)砌块在使用前必须浇水湿润，表面如有泥土、水锈应清洗干净。

(2)砌体应分层砌筑，当砌筑基础的第一层砌块时，如基底为土质，可直接坐浆砌筑，若基底为岩层则应清洗干净后再坐浆砌筑。

(3)各砌层应先砌外圈定位行列，后砌筑里层，内外圈砌块交错连成一体。砌块应安放稳固，其间砂浆应饱满，黏结牢固，不得直接贴靠或脱空。

(4)砌筑上层时，避免振动下层砌块，防止未终凝的砂浆遭到破坏。

基础浇(砌)筑完成后，应检验质量和各部位尺寸是否符合设计要求，如无问题，即可选用好土回填基坑，并分层夯实，回填层厚度不大于30cm。

【学习实践】

1. 叙述天然地基上刚性扩大浅基础的施工工序。
2. 基坑排水有几种方法？各适用于什么土质？
3. 简述基坑坑壁围护的方法。
4. 围堰工程的要求有哪些？
5. 基底检验的内容主要有哪些？

【实践过程】

【学习心得】

通过本任务的学习，我的体会有……

……。

学习项目3 桩 基 础

任务3－1 桩基础基本认识

【学习目标】

通过本任务的学习，要求学生熟悉以下内容：

1. 桩基础的基本组成。
2. 各种常用的桩基础类型。
3. 了解桩基础在桥梁工程中的应用情况。

【学习内容】

3－1－1 桩基础在公路桥梁中的应用

当地基浅层土质不良浅基础无法满足桥梁结构对地基强度、变形和稳定性方面的要求时，可以考虑采用桩基础，发挥桩长优势，直接穿越不良土层，通过桩侧摩阻力或桩端阻力将建筑荷载传至深层坚硬土层或岩层上。

桩基础是最古老的桥梁基础形式之一，在我国已有6000余年的应用历史。但在相当长的历史时期内，桩基础多为木桩，例如1937年修建的杭州钱塘江大桥就在其中9个桥墩先打入长30m的木桩，后在木桩顶部设置沉箱。

随着材料科学的发展，20世纪50年代后，木桩逐渐被钢筋混凝土桩、预应力钢筋混凝土桩和钢桩取代，并衍生出多种结构形式，以适应不同建筑结构及地质条件的需要。如武汉长江大桥、南京长江大桥及潼关黄河大桥等工程，开始使用钢筋混凝土预制管桩和方桩基础。

由于普通钢筋混凝土抗裂性能不高，在沉桩过程中桩身容易出现裂缝，自1953年起先后在武汉长江大桥、南昌赣江大桥及南京长江大桥等工程采用预应力钢筋混凝土管桩(柱)基础。

我国在公路桥梁上采用钻孔灌注桩基础始于20世纪60年代初期，最初在河南安阳首先成功应用，后经交通部总结推广，现已成为公路桥梁工程中应用最为广泛的基础形式，约占到深基础总数的90%左右。

随着公路桥梁桩基础施工技术的进步与桩基础设计计算理论的发展，跨越江河湖海的大跨径桥梁越来越多，而且桩径、桩长都在不断加大。目前，长度超过 50m，直径大于 2m 的超长大直径钻孔灌注桩已十分普遍。例如我省在 1991 年修建的铜陵长江大桥主桥 4[#]、5[#] 墩采用直径 2.8m、深度 108m、钻岩 53～56m 的超长大直径钻孔桩，主桥 2[#]、7[#] 墩还使用了 4.6m－4.0m－2.8m 的大直径变截面空心桩；芜湖长江大桥应用直径 3.2m 钻孔灌注桩，最长桩长达 62m；苏通大桥主塔基础为钻孔灌注桩群桩基础，每个主墩基础桩数 131 根，桩径 2.5m，桩长 117m；杭州湾跨海大桥主塔墩亦为钻孔灌注桩基础，38 根直径 2.8m、桩长 120.2m；2018 年在建的京台国家高速公路安徽省方兴大道至马堰段改扩建工程中派河大桥段主桥采用直径 3.5m 的灌注桩基础；2018 年在建的平潭海峡公铁两用大桥采用 4.5m－4.9m 变截面超大直径钻孔桩。有文献记载有桥梁曾经使用直径达 8m 沉埋空心桩。

3－1－2　桩基础的组成与特点

桩基础由基桩和承台两部分组成。

基桩为桩基础中主体受力构件，可以是一根（大直径独桩独柱无承台基础），也可以是多根（群桩基础）；在平面排列上可以成一排（单排桩），也可以成几排（多排桩）；桩身可全部埋入地基土中（自由长度等于零），也可部分埋入地基土中（自由长度大于零）。当桩身外露在地面以上较高时，在桩与桩之间应加设横系梁，以加强各桩的横向联系。

作为约束构件，承台把所有桩的顶部联成一个整体，使之共同参与承受墩台传来的结构荷载。在承台上再修筑桥墩、桥台及上部结构，如图 3－1 所示。

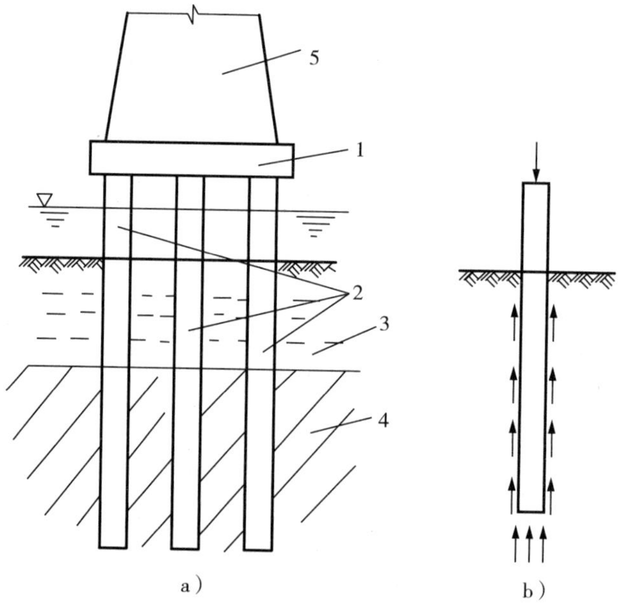

图 3－1　桩基础

1—承台；2—基桩；3—松软土层；4—坚硬土层；5—桥墩（台）

桩基础如果设计正确，施工得当，它具有承载力高、稳定性好、沉降量小而均匀等特点。

而且耗用材料少、施工简便，在深水河道中，可避免（或减少）水下工程，简化施工设备和技术要求，加快施工速度并改善工作条件。

3-1-3 桩和桩基础的类型

桩广泛应用于土木建筑工程的各个领域、多种场合。按其在工程中的功能与用途，分有基础桩、围护桩（挡土、挡水）、锚桩、抗滑桩、地基加固类桩等。本节主要从不同的角度讨论基础桩的各种类型，以对其有一个综合、全面的认识。

一、按桩受力条件的分类

结构物荷载通过桩基础传递给地基。这种荷载又分为竖向荷载和水平荷载。

1. 按桩对竖向力的承受特性

桩在竖向荷载作用下，桩顶荷载由桩侧摩阻力和桩端阻力共同承担。桩侧、桩端地基土的物理力学性质、桩的尺寸和施工工艺不同，桩侧阻力、桩端阻力的大小及分担荷载的比例也不一样，因此根据这一特征在进行桩基础设计时一般将其分为：摩擦桩、端承型摩擦桩、摩擦型端承桩和端承桩。

（1）摩擦桩

在深厚的软土层中，无较硬的土层作为桩端持力层，或桩端持力层虽然较坚硬但桩的长径比 l/d 很大（一般大于 25），传递到桩端的轴力很小，以至在极限荷载作用下，桩顶荷载绝大部分由桩侧阻力承受，桩端阻力很小可忽略的桩，称其为摩擦桩，如图 3-2a 所示。

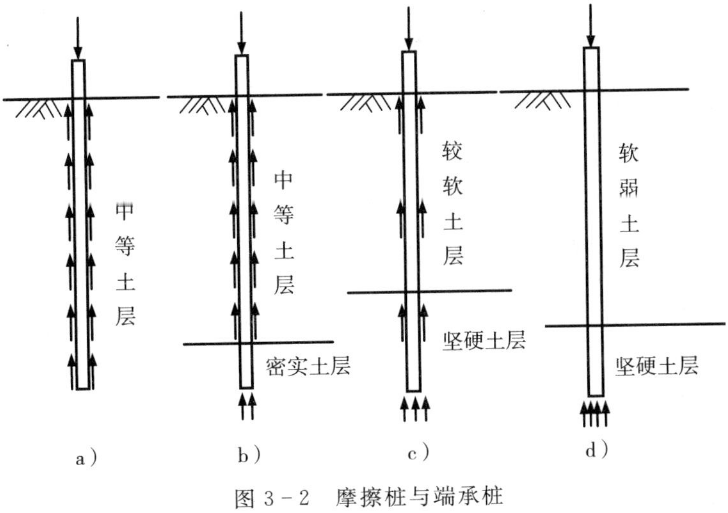

图 3-2 摩擦桩与端承桩

a）摩擦桩；b）端承型摩擦桩；c）摩擦型端承桩；d）端承桩

（2）端承型摩擦桩

当桩的 l/d 不很大，桩端持力层为较坚硬的黏性土、粉土和砂类土时，除桩侧阻力外，还有一定的桩端阻力，桩顶荷载由桩侧阻力和桩端阻力共同承担，但大部分由桩侧阻力承受的桩，称其为端承型摩擦桩，这类桩所占比例很大，如图 3-2b 所示。

(3)摩擦型端承桩

桩端进入中密的砂土、碎石类土或中风化岩层，桩顶极限荷载由桩侧阻力和桩端阻力共同承担，而主要由桩端阻力承受，称其为摩擦型端承桩，如图 3－2c 所示。

(4)端承桩

当桩的 l/d 较小(一般小于 10)，桩身穿越软弱土层，桩端设置在密实砂层、碎石类土层、微风化岩层中，桩顶荷载绝大部分由桩端阻力承受，桩侧阻力很小可忽略不计时，称其为端承桩，如图 3－2d 所示。

2. 按桩对水平力的承受特性

基础结构不仅要承受竖向荷载，同时还要承受墩台传来的水平荷载。按桩对水平力的承受特性可分为竖直桩、单向斜桩和多向斜桩等，如图 3－3 所示。

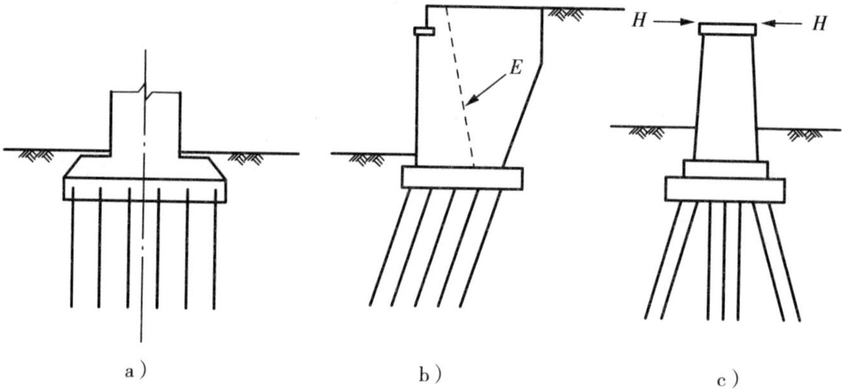

图 3－3　竖直桩与斜桩

a)竖直桩；b)单向斜桩；c)多向斜桩

作为承压构件，基桩承受横向荷载的能力相对要弱。当作用于桩基础上水平荷载相对较小时，考虑到施工方便，通常采用竖直桩，可以增大桩径来抵抗水平力。

但当作用于桩基础上水平荷载很大时，采用增大桩径的方法显得不经济时，可以调整桩的轴线方向，变竖直桩为斜桩。比如拱桥墩台基础或深水桥梁基础需要考虑船舶撞击时，往往需设斜桩以承受较大水平推力，以减小桩身弯矩、剪力和整个基础的侧向位移。

目前，我国桥梁钻(挖)孔灌注桩由于施工设备和工艺问题，斜桩用得很少，只有少数预制桩、全套管灌注桩才使用斜桩。

二、按成桩挤土效应分类

大量的工程实践表明，成桩时的挤土效应对桩的承载力、桩身质量控制和环境等有很大影响，因此根据这一特征将桩分为非挤土桩、部分挤土桩和挤土桩三类。

1. 非挤土桩

成桩过程中用钢筋混凝土等材料置换出同等体积的地基土，因此桩身对周围土体没有侧向挤压，常见的有就地钻孔灌注桩。

2. 部分挤土桩

在成桩过程中，周围土体仅受到轻微挤压扰动，土体原状结构及工程性质没有大的变化，包括冲孔灌注桩、挤扩孔灌注桩、预钻孔沉桩、打入式敞口桩等。

3. 挤土桩(排土桩)

在成桩过程中，桩周围的土被挤密或挤开，桩周围的土受到严重的扰动，土的原始结构遭到破坏，土的工程性质发生很大变化。这类桩主要包括各种沉桩，如锤击、静压、振动沉入的预制桩、闭口预应力混凝土管桩、沉管灌注桩等。

在饱和软土中设置挤土桩，如设计或施工不当，就会产生明显的挤土效应，导致未初凝的灌注桩桩身缩小乃至断裂、桩上涌和移位、地面隆起等，从而降低桩的承载力；有时还会损坏邻近建筑物；桩基施工后，还可能因饱和软土中孔隙水压力消散，土层产生再固结沉降，使桩产生负摩阻力，降低桩基承载力，增大桩基沉降。挤土桩只有设计和施工得当，才可收到良好的技术经济效果。

在非饱和松散土中采用挤土桩，其承载力明显高于非挤土桩。因此，正确地选择成桩方法和工艺，是桩基设计中的重要环节。

三、按承台位置分类

根据桩基承台底面位置的不同可将桩基础分为低承台桩基础和高承台桩基础(简称高桩承台、低桩承台)，如图 3－4a、图 3－4b 所示。

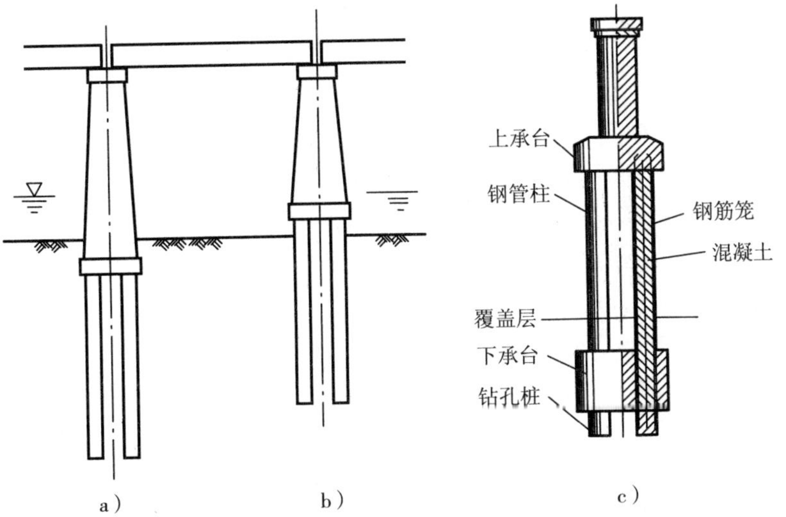

图 3－4　承台位置

a)低桩承台桩基础；b)高桩承台桩基础；c)双承台钢管柱基础

高桩承台的承台底面位于地面(或冲刷线)以上，有的甚至位于水面以上。低桩承台的承台底面位于地面(或冲刷线)以下。高桩承台的结构特点是基桩部分桩身沉入土中，部分桩身外露在地面以上；而低桩承台则基桩全部沉入土中。

此外还有资料记载广茂铁路肇庆西江大桥水中 4＃墩施工中，局部冲刷直达岩面，加大了管柱的自由长度，为了提高基础的整体性和稳定性，采用高低位双层承台基础，如图3－4c。

承台高度应根据桥墩基础受力情况、地形、地质、水文(水深、流速、冲刷、夹砂、流冰、流石等)以及施工条件等因素来确定。

在有流冰的河流中,承台底面的高度低于最低冰层底面以下(一般低 0.25m);在通航河流,承台宜适当降低;在有夹砂、流石的水流中,为防止桩身冲坏磨损,宜用低承台桩基,当采用高承台桩基时,则需对桩进行防护,或加固、加粗桩身。

高桩承台由于承台位置较高或设在施工水位以上,可避免或减少水下作业,施工较为方便。然而,在水平力的作用下,由于承台及基桩露出地面的一段自由长度周围无土来共同承受水平外力,对基桩的受力情况较为不利,桩身内力和位移都比同样水平外力作用下的低桩承台要大,在稳定性方面也不如低桩承台好。近年来由于大直径钻孔灌注桩的采用,桩的刚度、强度都较大,因而高桩承台在桥梁基础工程中已得到广泛采用。

四、按基桩施工方法分类

桩的施工方法多种多样,但从桩身形成过程来看,无非有这样几种情况:桩身先做好,后沉入土中;先在地基中就地成孔,在孔内后做桩身;先预制空心管桩(管柱),后将预制部分沉入土中,再钻孔灌注混凝土成桩。

因此,按施工方法可将桩分为预制沉桩、灌注桩两种基本类型,另外还有管柱和钻孔埋置桩等类型。

1. 预制沉桩

预制沉桩为将各种预先制备好的桩以不同的沉桩方式(设备)沉入地基内达到所需要的深度的施工方法。

预制桩是工厂或良好的环境条件下制作,成桩速度快,桩体质量高。对于一些长桩,则需要在桩端设置钢板、法兰盘等接桩构,运输到现场或施工过程中再进行拼接。

预制桩按材料的不同分为钢筋混凝土桩、预应力混凝土桩、钢桩、木桩和组合材料桩等;按截面形状的不同分为方形(实心)和圆形(实心或空心管)桩两种。

预制桩可用于黏性土、砂土以及碎石土类地基,但较难沉入坚实地层。在有严重流砂的河床内,若采用钻孔桩施工比较困难,也可以采用沉桩。

沉桩可以采用斜桩来抵抗较大的水平力,在某些情况下要比采用竖直的钻孔桩有利,但有明显的排挤土体作用,应考虑对邻近结构(包括邻近基桩)的影响。按沉桩方式可分为下列几种:

(1)打入桩(锤击桩)

打入桩是通过锤击(或以高压射水辅助)将各种预制桩打入地基内达到所需要的深度。这种施工方法适应于桩径较小(一般直径在 0.6m 左右,但国内最大管桩直径已达 1.0m),地基土质为可塑状黏性土、砂性土、粉土、细砂,含碎、卵石类土地基可采用射水沉桩方法施工。打入桩伴有较大的振动和噪声,在城市人口密集地区施工时,应考虑对环境的影响。

(2)振动下沉桩

振动下沉桩是将大功率的振动打桩机安装在桩顶,一方面利用振动以减小土对桩的阻力,另一方面用向下的振动力使桩沉入土中。

振动下沉桩可用于可塑状的黏性土,但对于抗剪强度受振动时有较大降低的砂土等粗粒土地基,其效果更为明显。

(3)静力压桩

静力压桩是借助桩架自重及桩架上的压重，通过液压或滑轮组提供的静反力将预制桩压入土中。

该方法较适用于较均质的可塑状黏性土地基，对于砂土及其他较坚硬土层，由于压桩阻力大而不宜采用。

静力压桩在施工过程中无振动，无噪声，并能避免锤击时桩顶及桩身的损伤。但较长的桩分节压入时受桩架高度的限制，使接头变多而影响压桩的效率。

2. 灌注桩

灌注桩是在现场地基中按一定方法成孔，然后浇筑钢筋混凝土或混凝土而成的桩。因施工设备比较简单、轻便，在交通不便的山区、农村便于设备调迁，同时价格也较其他桩便宜，从微型桩到巨型桩都可以施工，从软土地基到坚硬岩石都可以成桩，因而适应性非常广泛。

根据成孔方法的不同，可以将灌注桩分为泥浆护壁钻(冲)孔灌注桩、干作业法钻(挖)孔灌注桩和沉管灌注桩等几大类。

1)泥浆护壁钻(冲)孔灌注桩

泥浆护壁钻(冲)孔灌注桩系指用钻(冲)孔机具钻(冲)进土中，边破碎土体边排出土渣而成孔，然后在孔内放入钢筋骨架，灌注混凝土而形成的桩。桩的直径一般为1.2～4.0m。

这种方法在成孔过程中，为防止孔壁坍塌，需采用泥浆进行护壁，并采用灌注水下混凝土等相应的施工工艺，包括回转钻孔灌注桩、冲孔灌注桩、旋挖钻孔灌注桩等。

钻(冲)孔桩适用于各类土层(包括碎石类土层和岩石层)，但用于淤泥等易坍孔土质、可能发生流砂的土层或有承压水的地基时，施工难度较大，施工前应做试桩以取得经验。

由于泥浆的排放会对环境造成一定程度污染，在城市中的应用有时会受到一些的限制。

2)干作业法钻(挖)孔灌注桩

干作业法钻(挖)孔灌注桩不需要泥浆护壁，而是直接利用机械或人工在无水状态下成孔，然后下放钢筋笼，浇筑混凝土成桩。它适用于地下水位以上的黏性土、粉土、填土、中等密实以上的砂土及风化岩层等，而不适于有地下水的土层和淤泥质土。

按成孔机具设备和工艺方法的不同，常用的干作业成孔灌注桩：干作业钻孔灌注桩、人工挖孔灌注桩等。

(1)干作业钻孔灌注桩

干作业钻孔灌注桩是利用钻孔机具成孔，钻孔机具可以采用螺旋钻机、旋挖钻机、全套管成孔机等。

螺旋钻孔是干作业钻孔的常用方法，有长螺旋钻和短螺旋钻两种机具，它是通过动力旋转钻杆，使钻头的螺旋叶片旋转削土，土沿螺杆提升并排出孔外。螺旋钻钻孔直径一般不超过1.0m，钻孔深度一般在30m以内。

旋挖钻机(回转斗钻机)的回转斗是一个直径与桩径相同的圆斗，斗底装有切土刀，斗内可容纳一定量的土。工作时，回转斗旋转切削土体，并将土装入斗内，然后提升回转斗卸土，再将回转斗放下进行下一次作业。回转斗成孔直径最大可达3m，但成孔深度因受伸缩钻杆的限制，一般只能达 50m 左右。

全套管施工法也称贝诺特法。施工时将钢套管沉入土中护壁，再配以冲抓、旋挖、短螺旋等出渣工具，将套管内的渣土排出。直至钢管下沉到设计深度，成孔后灌注混凝土，同时逐步将钢管拔出。用该法成孔，对环境影响小，成桩质量高，承载力可靠，钢筋不受泥浆污染，握裹力好。

(2)挖孔灌注桩

人工挖孔灌注桩是指在无水或少水地层的桩位上，采用简单的机具配合，选用相适宜的护壁措施，用人工挖掘成孔，在孔内安放钢筋笼，灌注混凝土而形成的基桩。孔径一般宜大于 1.4m，孔深一般宜小于 25m。

由于是人工挖掘，容易检查孔壁和孔底，便于核实桩孔地层情况，便于清除孔底虚土；桩底可以做成扩大头，提高桩基承载力；混凝土可用串筒直接浇筑，并分段振捣密实，保证混凝土的质量。

由于成孔机具有简单、投入费用低及以上优势，不少地区采用较为广泛。但切记安全第一，谨防孔口落物、孔壁坍塌、孔底毒气等造成人身伤害，必须制订严密的安全措施和预案。

3)沉管灌注桩

将底部套有预制桩靴或装有活瓣桩尖(沉管时桩尖闭合，拔管时活瓣张开)的钢管，用锤击或振动方法下沉至要求的入土深度后，在钢管内安放钢筋笼后灌注混凝土，最后拔出钢管而形成沉管灌注桩。它适用于黏性土、砂性土、砂土地基。

沉管灌注桩是一种施工快速、经济效益高的桩型，由于是在钢管内无水的环境中沉放钢筋笼和浇灌混凝土的，使得桩身混凝土的质量得到充分的保障。由于采用了套管，可以避免钻孔灌注桩施工中可能产生的流砂、坍孔的危害和由泥浆护壁所带来的污染。但桩的直径较小，常用的尺寸在 0.6m 以下，桩长常在 20m 以内。

但应注意的是，沉管灌注桩是工程事故频率较高的桩型之一。在软黏土中，由于沉管的挤压作用对邻桩有挤压作用，可能使混凝土尚未初凝的邻桩被剪断，且挤压时产生的孔隙水压力易使拔管时出现混凝土桩缩颈现象。施工时必须经过试桩，制订防止缩颈、断桩等措施，确保工程质量。

3. 管柱

管柱是将预制的大直径(1～5m 左右)钢筋混凝土、预应力钢筋混凝土或钢管柱(实质上是一种巨型分节装配的管桩，每节长度根据施工条件决定，一般采用 4m、8m 和 10m，接头用法兰盘和螺栓连接)，用大型的振动桩锤沿导向结构振动下沉到基岩(一般以高压射水和吸泥机辅助下沉)，然后在管内钻岩成孔，下放钢筋骨架，灌注混凝土，将管柱嵌固于岩层。

20 世纪 50 年代因修建武汉长江大桥的需要，首创直径 1.55m 的钢筋混凝土管柱基础；在南京长江大桥时，将钢筋混凝土管柱改为预应力钢筋混凝土管柱，直径发展到 3.6m；在南昌赣江大桥，直径进一步发展到 5.8m；在九江长江大桥将低承台管柱基础的钢板桩围堰改成了双壁钢围堰；在西江大桥又成功地利用双承台减少管柱的自由长度而将管柱承台修出水面；在武汉长江二桥又开发了钢管柱基础。图 3－5 为九江大桥管柱基础结构示意图。

另外，日本大岛大桥的管柱直径 3.5m，后提高到大鸣门桥的 7.0m，更重要的是使管柱

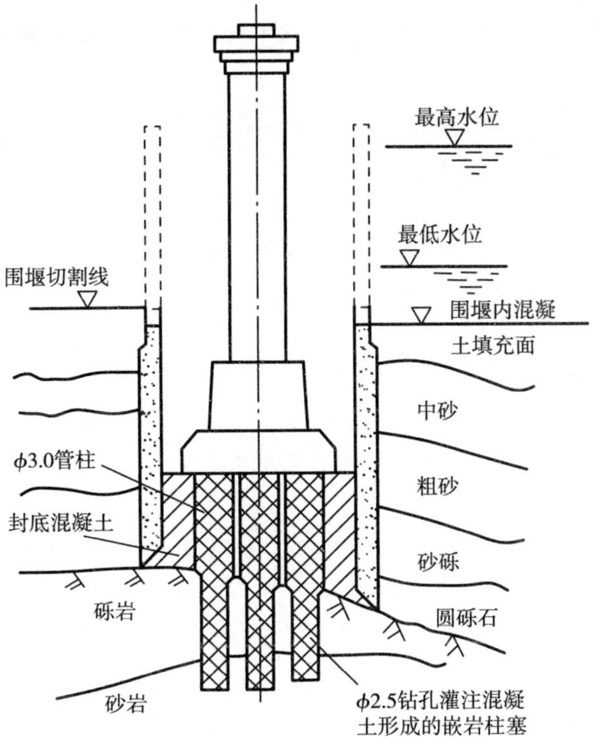

图 3－5　九江长江大桥水中墩

采用双壁钢围堰修建的低承台管柱基础

基础的适用范围由内河深水基础发展到海洋深水基础。

4. 钻孔埋置空心桩

因公路等级的提高和超重载的不断增多，现行公路桥梁的设计与施工中，对桩承载力的要求越来越高，这就要求增大桩的直径。但随着桩径增大，桩身自重占桩的承载力的比重越来越大，反而使工程不经济。在这种情况下，迫切需要一种大直径空心桩新结构，而将预制桩和钻孔桩两者相结合的钻埋空心桩就很好地适应了这种需求。

钻埋空心桩基本工艺为先施钻孔，清孔后在孔内抛填厚 100cm 左右的碎石并放置压浆管，然后在孔内埋入预制好的预应力钢筋混凝土桩管，再在孔壁与桩管之间的约 15cm 空隙内埋压浆管、抛碎石后，先压桩侧水泥浆，再压桩端水泥浆。

这不仅节省了大量的混凝土，同时减少了质量事故的风险，大大地提高了桩侧摩阻力和桩端阻力，同比提高承载力 30％～40％。该工艺于 1992 年 5 月经交通部组织的技术鉴定通过，建议推广。

目前，大直径空心桩技术已在河南、湖南、广东、江西、福建等地区得到应用，其中以湖南应用最广，其中湖南石龟山大桥钻埋空心桩最大直径为 5.0m，湖南南华渡大桥最小直径为 1.5m。

五、按基桩形状分类

1. 变截面桩

受地质条件、结构形式等因素的影响，有些桥梁的基础采用大直径变截面桩基础，如前述铜陵长江大桥使用了 4.6m－4.0m－2.8m 的大直径变截面空心桩；湛江海湾大桥主墩直径由上部 2.9m，下部 2.5m 的变截面桩；舟山大陆连岛工程金塘大桥Ⅲ－A 标段主桥 D4# 主墩 3# 孔钻孔灌注桩桩底标高为－104.5m，其桩径在－43.0m 处由 2.85m 变截面为 2.5m；宁波象山港大桥主桥南、北主塔群桩基础工程各由 41 根长约 119 米、直径 2.7～3.0m 的超长超大钻孔灌注桩组成。

2. 扩底桩

通过扩大桩端的截面尺寸，提高桩端承受外荷载的能力，从而使桩的整体承载力得到提高，目前扩底桩的施工方法有 20 多种。常用的有：

(1)钻孔扩底灌注桩

本方法是把按等直径钻孔方法形成的桩孔钻到预定的深度，换上扩孔钻头后撑开钻头的扩孔刀刃使之旋转切削地层扩大孔底，成孔后放入钢筋笼，灌注混凝土形成扩底桩以获得较大垂直承载力的施工方法。测试结果表明，与直孔桩相比，其极限承载力为相应直孔桩的 1.4～3.0 倍。

(2)人工挖孔扩底灌注桩

人工扩底桩目前在工业与民用建筑中应用较多，先挖桩身圆柱体至设计标高后，再按扩底尺寸从上到下挖土修成锅底形扩底桩，锅底矢高一般取 0.1～15d，扩底起始侧面的斜率取 1/3～1/2，如图 3－6 所示。

(3)夯扩桩

沉管夯扩桩采用双管，外桩管为通心钢管，内桩管下端封底，两管套装长度相等，用桩锤将其打到设计深度后拔出内管，往外管内灌入一定高度的扩底混凝土，重新插入内管并将外管向上拔一定高度，锤击力经内外桩管直接传给混凝土，通过桩管的挤撑作用，迫使扩底混凝土向下部和四周基底挤压，形成扩大头(图 3－7)。

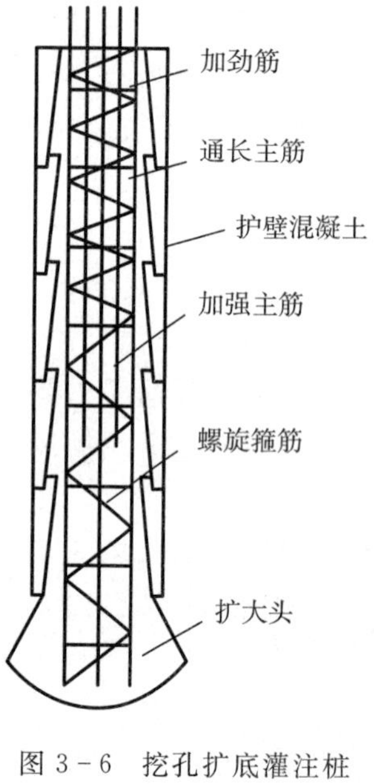

图 3－6　挖孔扩底灌注桩

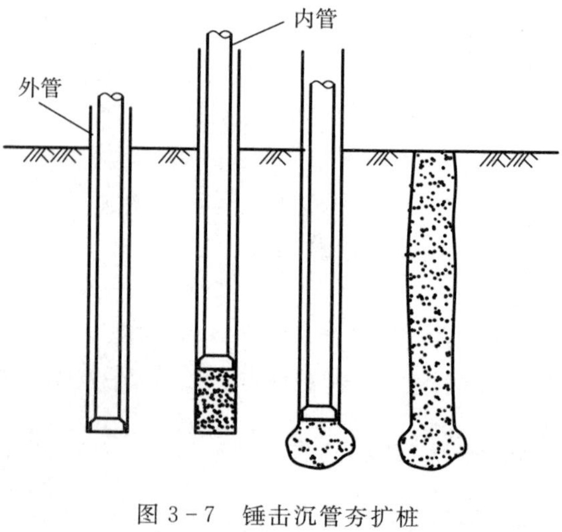

图 3－7　锤击沉管夯扩桩

(4)爆扩桩

爆扩桩是指就地成孔后，用炸药爆炸扩大孔底，然后灌注混凝土而成的桩。扩大桩底增大了桩与地基土的接触面积、提高了桩的承载能力，爆扩桩宜用于较浅持力层，如图 3－8 所示。

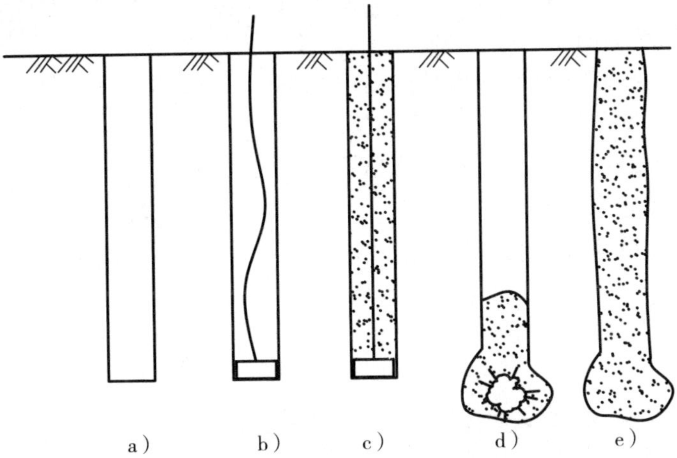

图 3－8　爆扩桩的施工程序

a)成孔；b)安放炸药；c)浇灌第一次混凝土；d)爆炸扩孔；e)第二次浇筑混凝土成桩

3. 挤扩多分支承力盘灌注桩

挤扩多分支承力盘灌注桩(简称多支盘桩)是在钻孔(冲孔)后，向孔内放入专用液压挤扩支盘成型机，通过液压系统控制该机的弓压臂的扩张和收缩，按土层条件和承载力要求在桩身的不同部位挤压出对称分布的扩大支腔或圆盘状的扩大腔，然后放入钢筋笼灌注混凝土，形成由桩端、桩身和分支承力共同受力的桩型。

通常，一次挤扩形成一对分支腔体，二次挤扩形成十字形腔体，三次挤扩成“＊”形腔体，四次挤扩形成“米”形腔体。多次挤扩(一般八次或以上)则形成一个圆锥盘状腔，此时称为分承力盘，如图 3－9 所示。

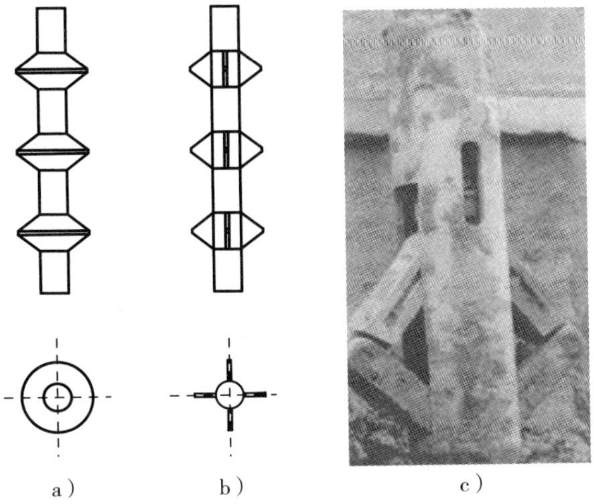

图 3－9　多支盘桩构造

a)承力盘；b)十字形分支；c)成桩设备

四、螺杆桩

现浇螺杆桩是采用桩机钻具旋转挤压土体成孔后灌注混凝土成桩，是一种“上部为圆柱形，下部为螺丝形”组合式桩，如图 3－10 所示。

螺杆桩采用了变截面的构造，成孔过程中桩侧土体受到挤密作用，成桩后部分土体形成螺纹，而桩侧土体形成螺母，桩体螺纹与桩侧土螺母紧密咬合，调整了土与桩之间的作用，桩侧土体应力分摊比例提高，桩端荷载减少，使桩身受力与土体受力更加协调一致。

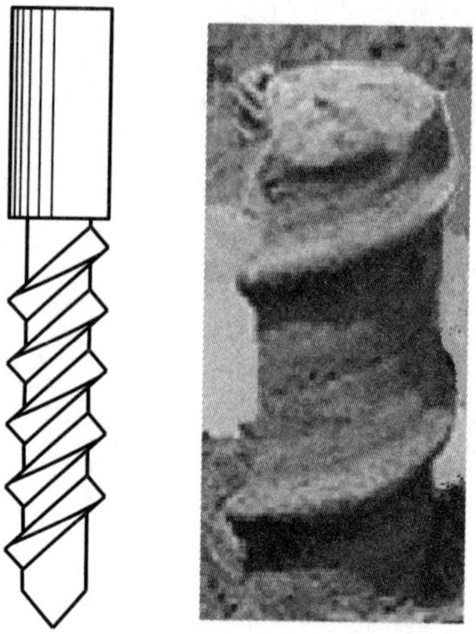

图 3－10　螺杆桩构造

【学习实践】

结合教材中关于桩基础的分类方法，简述我国公路桥梁工程中常用的钻孔灌注桩属于何种类型。

【实践过程】

【学习心得】

通过本任务的学习，我的体会有……………………………………………………。

任务3-2　桩和桩基础的构造

【学习目标】

通过本任务的学习，要求学生熟悉以下内容：

1. 各种基桩的构造特点。
2. 桩基础承台的构造及要求。
3. 基桩与承台的连接方式。

【学习内容】

不同材料、不同类型的桩基础具有不同的构造特点和工作性能，为了保证桩的质量，充分发挥桩基础的正常工作能力，在桩基础设计时应首先满足其构造的基本要求。现仅以目前国内桥梁工程中最常用的桩基础的构造特点及要求简述如下。

3-2-1　各种基桩的构造

一、就地灌注钢筋混凝土桩构造

1. 桩的设计直径

桩的直径应根据受力大小、桩基形式和施工条件等综合因素确定。一般情况下，钻孔灌注桩的设计直径宜采用0.8～3.2m；挖孔桩直径或最小边宽不宜小于1.2m。

2. 桩身混凝土强度等级和配筋

钻(挖)孔桩混凝土强度等级不应低于C25。

钻(挖)孔桩没有吊运、下沉等工序，因此，桩身可按结构受力要求分段配筋。当按内力计算不需要配筋时，也应在桩顶3.0～5.0m内设构造钢筋。如图3-11所示。

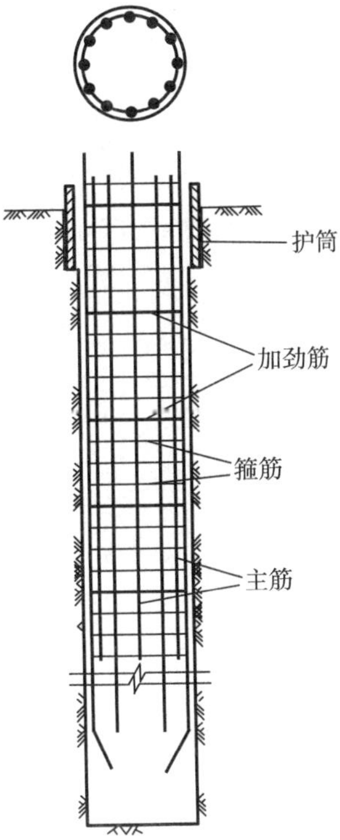

图3-11　钢筋混凝土灌注桩钢筋布置

为防止钢筋骨架在成形或吊装过程中产生太大的变形，一般规定主筋的最小直径不应小于16mm，且每桩主筋数量不应少于8根。

为使灌注的混凝土能顺畅地从钢筋笼骨架内溢出，主筋的净距不应小于80mm，但也不应大于350mm。

如配筋较多时，可采用束筋。组成束筋的单根钢筋直径不应大于36mm，组成束筋的钢筋根数，当其直径不大于28mm时不应多于3根，当其直径大于28mm时应为2根。

为防止因骨架移动发生露筋现象，钢筋净保护层厚度不应小于 60mm。

闭合式箍筋或螺旋筋直径不应小于主筋直径的 1/4，且不应小于 8mm，其中距不应大于主筋直径的 15 倍且不应大于 300mm。

当骨架较重时，为增加吊装时的骨架刚度，一般沿钢筋笼骨架每隔 2.0～2.5m 设置直径 16～32mm 的加劲箍一道。

钢筋笼四周应设置突出的定位钢筋、定位混凝土块，或采用其他定位措施。钢筋笼底部的主筋宜稍向内弯曲，作为导向。但当分段配筋，主筋不到孔底，灌注水下混凝土抽拔导管时，易被挂住。

二、钢筋混凝土预制桩构造

钢筋混凝预制桩有实心的圆桩和方桩（少数方桩为空心），有空心的管桩，另外还有用于管柱基础的管柱。

1. 钢筋混凝土实心桩构造

（1）桩的截面、长度和接头

实心桩截面通常用方形，因其生产、制作、运输和堆放均较为方便，因此经常采用。普通实心方桩的截面边长一般为 0.3～0.5m。

就地预制桩的长度取决于沉桩设备，一般在 25～30m 以内；工厂预制桩的分节长度应根据施工条件及运输条件确定，一般不超过 12m，沉桩时在现场连接到所需长度。

现场接桩时，桩的接头的可靠性是很重要的，应尽量减少接头数量，并有足够的强度，保证在沉桩时和使用过程中接头不应松动和开裂。

钢筋混凝土桩一般采用焊接钢板接头，如图 3-12 所示。当预制桩采用静压桩方式沉桩时，有时可采用硫黄胶泥接头，将上节桩伸出的锚筋插入下节桩的锚孔，并灌入熔化的硫黄胶泥，冷却后即牢固黏结。这种接头结构简单，较为经济，但其现场拌制质量受人为因素影响大。对受力较大较重要的桥梁桩基宜用钢板接头。

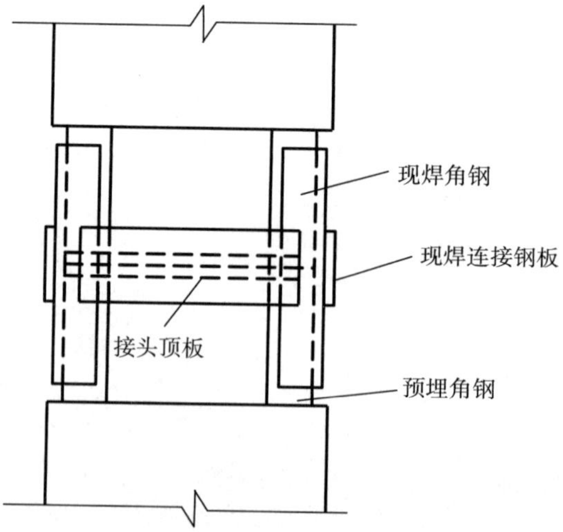

图 3-12　钢筋混凝土桩焊接钢板接头

(2)桩身混凝土强度等级和配筋

桩身混凝土强度等级不低于C25。

桩身应按起吊、运输、沉桩和使用各阶段的内力要求通长配筋，如图3-13所示。

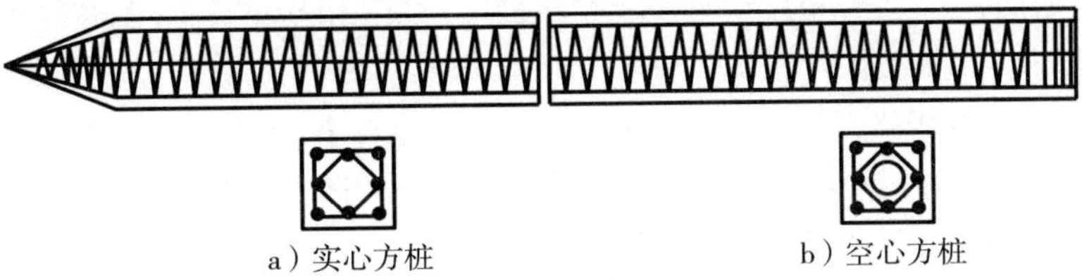

图3-13 预制钢筋混凝土方桩

受力主筋直径不宜小于12mm，净距不应小于50mm且不应大于350mm。

箍筋间距宜取400～500mm。对承受较大锤击应力的桩，箍筋宜适当加密。在桩顶4倍桩宽和桩端3倍桩宽范围内箍筋间距直加密至50～100mm。

方桩桩尖长度为1～1.5倍桩宽，当桩需要穿过或进入硬土层时，桩尖长度宜取较大值；当桩需要打入风化岩层、砾石层等障碍物而沉桩困难时，宜设置穿透能力强的钢桩靴，钢桩靴示意图如图3-14所示。

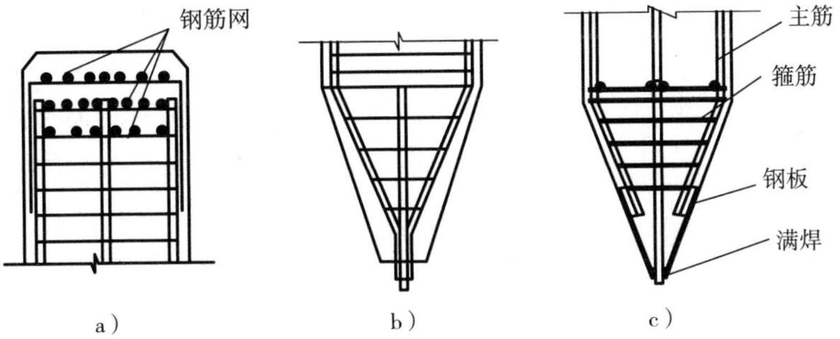

图3-14 预制钢筋混凝土方桩桩顶、桩尖配筋示意图

a)桩顶钢筋网；b)普通桩尖；c)钢板加强桩尖

2. 钢筋混凝土及预应力混凝土管桩构造

管桩由预制工厂以离心旋转机生产，有普通钢筋混凝土和预应力混凝土两种，目前大直径管桩多采用预应力混凝土管桩。

(1)钢筋混凝土管桩

钢筋混凝土管桩直径一般为0.4～0.8m，管壁最小厚度不宜小于80mm。国内生产的定型产品直径为400mm、550mm、600mm、800mm、1000mm，管壁厚度分为80mm、100mm、110mm、130mm。

钢筋混凝土管桩每节长度为4～15m，两端装有连接法兰盘以供现场用螺栓连接(也有采用焊接接头)。最下一节管桩底端一般设置桩尖，桩尖内部可预留圆孔，以便安装射水管辅助沉桩。

混凝土的强度等级为C25～C40，管桩填芯混凝土的强度等级不应低于C15。配筋可参照钢筋混凝土实心桩进行。

桩端嵌入非饱和状态强风化岩的预应力混凝土敞口管桩，应采取有效的预防渗水软化桩端持力层的措施。

(2)预应力钢筋混凝土管桩

预应力钢筋混凝土管桩按预应力施加方法有先张法和后张法。小直径管桩一般用先张法工厂化定型生产,后张法生产效率相对较低,往往适用于大直径管桩或管柱。

先张法预应力混凝土管桩按外径分为 300mm、400mm、500mm、600mm、700mm、800mm、1000mm、1200mm、1300mm、1400mm 等规格。按其混凝土强度等级分为预应力混凝土管桩(代号 PC)和预应力高强混凝土管桩(代号 PHC)。PC 桩混凝土强度等级不得低于 C50,PHC 桩混凝土强度等级不得低于 C80。

预应力钢筋沿其圆周均匀配置,最小配筋率不低于 0.4%,并不得少于六根。螺旋筋的直径应根据管桩规格而定,螺旋筋螺距最大不超过 110mm,两端 1.0～1.5m 范围内螺距为 40～60mm。

预应力混凝土大直径管桩宜用后张法制作。

管桩接头宜采用端板焊接,也可用机械快速接头。

三、管柱和钻埋空心桩构造

1. 管柱构造

管柱实质上是一种大直径、薄壁钢筋混凝土或预应力混凝土圆管节,在工厂分节制成,沉桩时逐节用螺栓接长。管柱的组成部分是法兰盘、主钢筋、螺旋箍筋、管壁(混凝土的强度等级不低于 C25、厚为 100～140mm),最底节的管柱带有用薄钢板制成的钢刃脚。我国常用的管柱直径为 1.5～5.8m,当入土深度较大时,一般采用预应力混凝土管柱。

2. 钻埋空心桩构造

大直径钻埋预应力混凝土空心桩的桩壳是由预制空心桩底节、若干中节和顶节 3 部分组成,并由锥形螺纹筋和 HZLM 锥形锚串联张拉连接而成。

空心桩结构通常采用 C40 以上高强度钢筋混凝土,钢筋一般采用双层布置,竖筋直径不宜小于 10mm,间距不大于 15cm,在桩节的端部,应加密布设,箍筋直径常选 8mm,其间距为 10cm;桩的壁厚为 0.2～0.4m。

各桩节间通常采用涂抹环氧树脂水泥砂浆的钢筋混凝土接头。

四、钢桩构造

钢桩的形式很多,主要有钢管桩和 H 型钢桩,常用的是钢管桩。

1. 钢管桩构造

钢管桩具有强度高,能承受强大的冲击力和获得较高的承载力;便于割接,桩长容易调节;沉桩时贯入能力强、速度较快可缩短工期,且排挤土量小,对邻近建筑影响小。

钢管桩的分段长度按施工条件确定,不宜超过 12～15m,常用直径为 400～1000mm。

钢管桩可采用下列桩端形式(图 3-15):

(1)敞口带加强箍(带内隔板、不带内隔板)、敞口不带加强箍(带内隔板、不带内隔板);

(2)闭口平底、锥底。

钢管桩接头可采用下列形式:

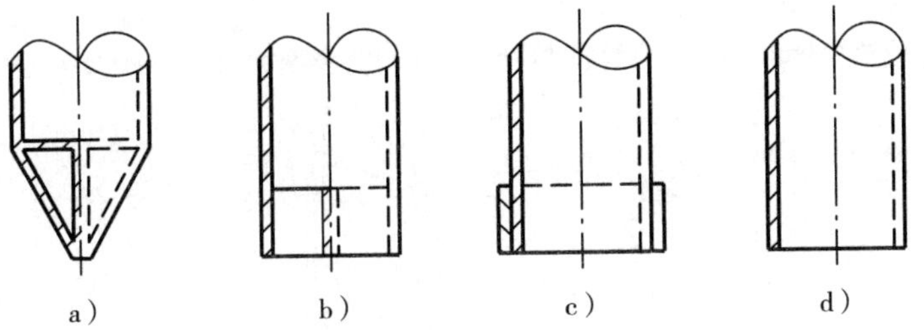

图 3-15　钢管桩端部构造形式

a)圆锥型;b)十字板补强型;c)外圈补强型;d)敞口型

(1)需要焊接的套管接头(图 3-16);

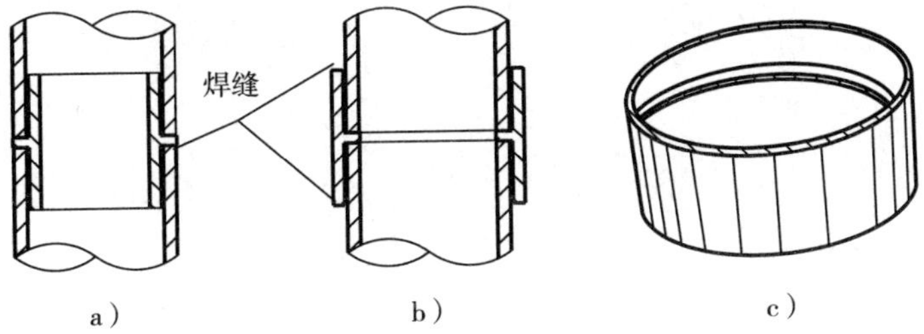

图 3-16　需要焊接的套管接头

a)内套管;b)外套管;c)外套管大样

(2)不需要焊接的套管接头(图 3-17)。

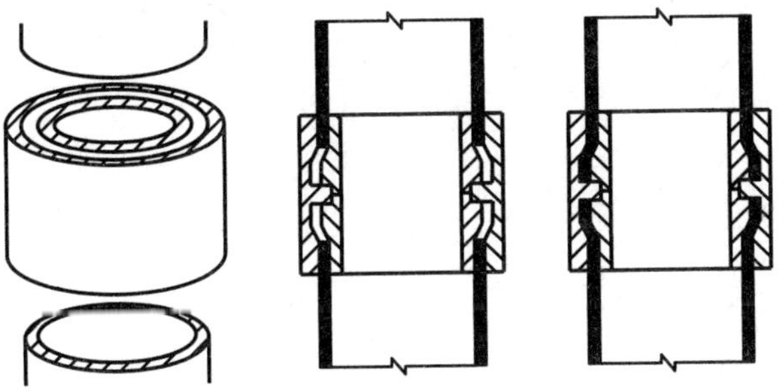

图 3-17　不需要焊接的套管接头

2. H 型钢桩构造

H 型钢桩由 H 型钢拼接而成,具有构造简单、质量轻、品种齐全、施工方便的特点,广泛应用于电厂、楼房基础。

H 型钢桩的拼接接头,既可用焊接亦可用铆接或栓接,如图 3-18 所示。

改进拼接接头的方法,可提高工地打桩效率。例如:H 型钢桩,现已改用预制好的 H 形插入式接头来代替传统的拼接板接头,如图 3-19 所示。

钢桩焊接接头应采用等强度连接。使用的焊条、焊丝和焊剂应符合现行国家有关规范、标准规定。钢桩的纵缝和环缝都属于主要结构焊缝,均应采用对接,不得采用搭接或其他形式。为了保证焊接质量,尽可能进行工厂焊接,并采用双面施焊。

钢桩的最大缺点是造价高和存在锈蚀问题。钢桩防腐处理可采用外表面涂防腐层、增加腐蚀余量和阴极保护等方法；当钢管桩内壁同外界隔绝时，可不考虑内壁防腐。

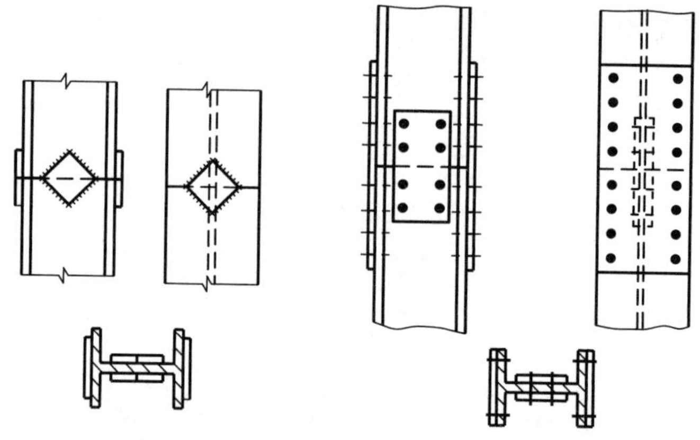

a)　　　　　　　　　　b)

图 3-18　H 型钢桩的接头形式

a)焊接接头；b)铆接或栓接接头

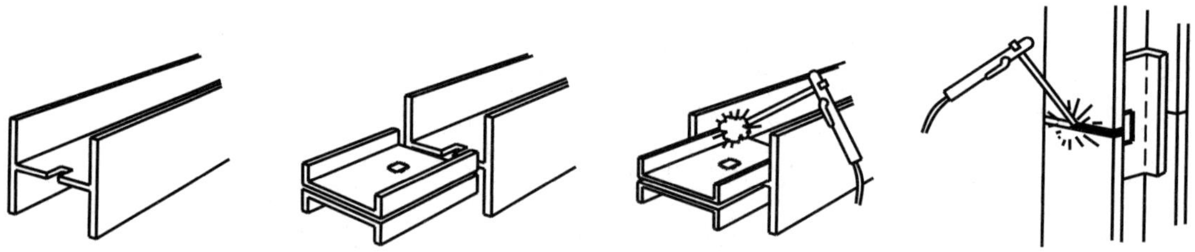

a)　　　　b)　　　　c)　　　　d)

图 3-19　H 型钢桩插入式接头

a)腹板切口；b)插入预制好的接头；c)焊接翼缘角缝；d)焊接对接缝

3-2-2　承台的构造

承台作为把所有桩顶联成一个整体的刚性整体结构，应保证有足够的强度和刚度。

承台的平面形状和尺寸，应根据上部结构(墩、台身)底部尺寸和形状，以及基桩的平面布置而定，一般采用矩形、圆形和圆端形。承台的厚度宜为桩直径的 1.0 倍及以上，且不宜小于 1.5m。

混凝土强度等级不应低于 C25。

配筋一般应按受力确定。当桩顶不破头直接埋入承台连接时，应在每根桩的顶面上设 1～2 层局部钢筋网。钢筋直径不小于 12mm，钢筋网每边长度不小于桩径的 2.5 倍，网孔为 100mm×100mm～150mm×150mm。

当桩顶主筋伸入承台时，承台在桩身混凝土顶端平面内须设一层钢筋网，在每米内(按每一方向)设钢筋网 1200～1500mm^2，钢筋直径采用 12～16mm，此项钢筋网须全长通过桩顶且不应截断，并与桩的主筋绑扎在一起，以防止承台受拉区裂缝开展。

承台的顶面和侧面应设置表层钢筋网，每个面在两个方向的截面面积均不宜小于 $400mm^2/m$，钢筋间距不应大于 400mm。

3-2-3 桩与承台及横系梁的连接

桩与承台的连接方式有两种，即桩顶主筋伸入承台连接和桩顶直接埋入承台连接。

1. 桩顶主筋伸入承台连接

钻、挖孔灌注桩现都采取桩顶主筋伸入承台连接的方式，如图 3-20 所示。桩身嵌入承台内的深度可采用 100mm，伸入承台内的桩顶主筋可做成喇叭形(与竖直线夹角大约为 15°)。伸入承台内的主筋长度，光圆钢筋不应小于 30 倍钢筋直径(设弯钩)，带肋钢筋不应小于 35 倍钢筋直径(不设弯钩)。若受构造限制，主筋也可不做成喇叭形。

管桩与承台连接时，伸入承台内的纵向钢筋如采用插筋，插筋数量不应少于 4 根，直径不应小于 16mm，锚入承台长度不宜少于 35 倍钢筋直径，插入管桩顶填芯混凝土长度不宜小于 1.0m。

2. 桩顶直接埋入承台连接

对于不受轴向拉力的预制沉桩，可不破桩头，将桩直接埋入承台内，如图 3-21 所示。当桩径(或边长)小于 0.6m 时，埋入长度不应小于 2 倍桩径(或边长)；当桩径(或边长)为 0.6～1.2m 时，埋入长度不应小于 1.2m；当桩径(或边长)大于 1.2m 时，埋入长度不应小于桩径(或边长)。

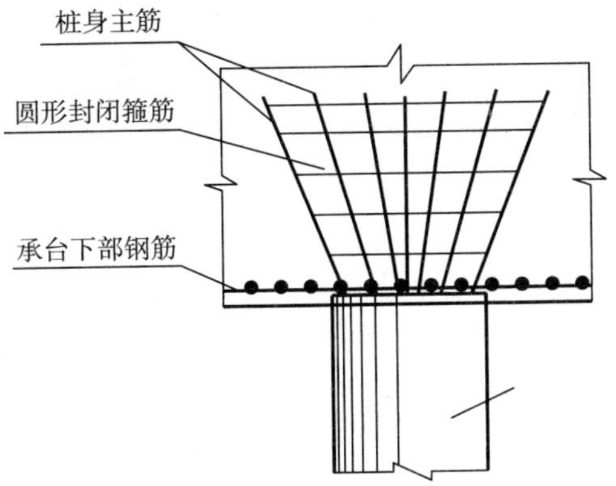

图 3-20 桩顶主筋伸入承台的连接

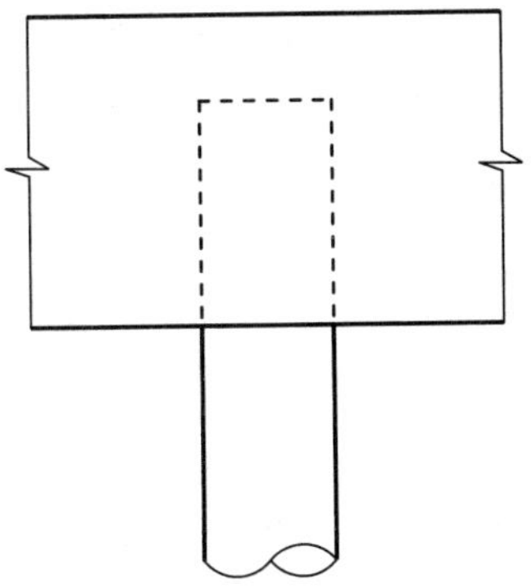
图 3-21 桩顶直接伸入承台的连接

3. 桩和横系梁的连接

对于大直径灌注桩，当采用一柱一桩时，为了加强桩之间的整体性，可设置横系梁连接。

横系梁的高度可取为 0.8～1.0 倍桩的直径，宽度可取为 0.6～1.0 倍桩的直径。

混凝土的强度等级不应低于 C25。

横系梁的主钢筋应伸入桩内，其长度不小于 35 倍主筋直径。纵向钢筋不应少于横系梁截面面积的 0.15%；箍筋直径不应小于 8mm，其间距不应大于 400mm。横系梁的构造钢筋按不小于其横截面面积的 0.15%设置。

3-2-4 桩的布置和中距

一、桩的排列布置

桩的排列应根据受力大小和施工条件等确定，一般群桩的布置宜采用对称排列；若承台面积不大，桩数较多，则可采用梅花形或环形排列，如图 3-22 所示。

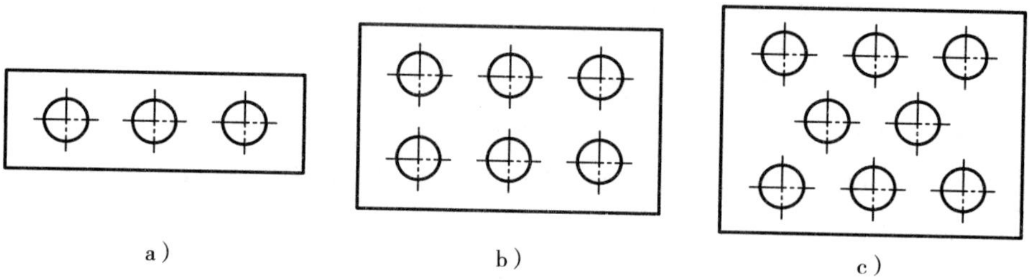

图 3-22 桩的平面布置

a)单排式；b)对称式；c)梅花式

二、桩的间距

1. 摩擦桩

摩擦桩的群桩中距，从受力考虑最好是使各桩端平面处压力分布范围不相重叠，以充分发挥其承载能力。根据这一要求，经试验测定，中距定为 $6d$（d 为直径或边长，下同）。但桩距如采用 $6d$ 就需要很大面积的承台，故一般采用的群桩中距均小于 $6d$，为了使桩端平面处相桩作用于土的压力重叠不致太多，以致因土体挤密而使桩打不下去，故根据经验规定如下。

锤击、静压沉桩，在桩端平面处的中距不小 $3d$；振动下沉桩，因土的挤压更为显著，所以规定在桩端平面处中距不小于 $4d$；桩在承台底面处的中距均不应小于 $1.5d$。

钻孔桩不存在沉桩过程中相互影响或打不下去的现象，为减小承台面积，其中距可以适当减小，但中距过小会使桩间土体与桩侧间的摩擦支承作用降低，故规定钻孔桩的中距不小于 $2.5d$。挖孔桩可参照钻孔桩采用。

2. 端承桩

端承桩因桩尖处不发生压力重叠现象，只要施工许可，其中距可比摩擦桩适当减小。

支承或嵌固在基岩中的钻（挖）孔桩的中距，不应小于 2.0m。钻（挖）孔扩底灌注桩中距不应小于 1.5 倍的扩底直径或扩底直径加 1.0m，取较大者。

边桩（或角桩）外侧至承台边缘的距离，应保证桩顶主筋弯成喇叭形后还有足够的保护层，同时在桩顶弯矩及横向力的作用下承台边缘圬工不致破裂。所以规定，边桩（或角桩））外侧与承台边缘的距离，对于直径（或边长）小于或等于 1.0m 的桩，不应小于 $0.5d$，并不应小于 250mm；对于直径大于 1.0m 的桩，不应小于 $0.3d$，并不应小于 500mm。

【学习实践】

成桩方法不同，桩头与承台的连接方式因而有差异，试分析其中原因。

【实践过程】

【学习心得】

通过本任务的学习，我的体会有……………………………………………………

……………………………………………………………………………………………

……………………………………………………………………………………………

……………………………………………………………………………………………

……………………………………………………………………………………………

……………………………………………………………………………………………

……………………………………………………………………………………………

……………………………………………………………………………………………

……………………………………………………………………………………………

……………………………………………………………………………………………。

任务3－3　单桩容许承载力确定

【学习目标】

通过本任务的学习，要求学生熟悉以下内容：

1. 单桩轴向容许承载力确定方法。
2. 桩身负摩阻力对桩身承载力的影响。

【学习内容】

在桩基础设计中，一旦确定了桩的类型，接下来就需要确定桩的长度、截面尺寸和数量，这就需要先确定单根桩的承载力并进行验算。

单桩容许承载力是指单桩在外荷载作用下，桩土共同作用，地基土和桩本身的强度和稳定性均能得到保证，且变形在容许范围内所能承受的最大荷载。

根据桩所受荷载方向的不同，相应的有轴向容许承载力和横轴向容许承载力之分。其中轴向容许承载力又包括轴向抗压和抗拔承载力，本节因篇幅仅介绍轴向抗压承载力，抗拔承载力部分留给同学们自学。

3－3－1　单桩轴向容许承载力的确定

一、桩在轴向荷载作用下的破坏模式

单桩在轴向压力作用下，如压力过大，可能会出现以下两种情况：

(1)因桩本身强度不够而被压坏。端承桩、超长摩擦桩和桩身材料有缺陷的桩有可能发生这种情况。

(2)由于土对桩的阻力不够而使桩发生过大的沉降，不能符合使用要求。这种情况多见于摩擦桩。

因此，单桩轴向容许承载力取决于土对桩的阻力和桩身材料强度两方面。

单桩轴向容许承载力的确定方法有多种，考虑到地基土具有多变性、复杂性和地域性等特点，往往需选用几种方法进行综合考虑和分析，从而合理地确定单桩轴向容许承载力。

一、按规范经验公式计算单桩轴向容许承载力

《公路桥涵地基与基础设计规范》(JTG D63—2007)规范中根据大量的静载试验及其他原位测试资料，经过理论分析和统计整理，给出了不同类型桩的轴向容许承载力经验公式，应用较简便。

1. 摩擦桩

摩擦桩单桩竖向容许承载力$[R_a]$可按下列公式计算：

(1) 钻(挖) 孔灌注桩的承载力容许值

$$[R_a]=\frac{1}{2}u\sum_{i=1}^{n}l_i q_{ik}+A_p q_r \tag{3-1}$$

$$q_r=m_0\lambda\{[f_{a0}]+k_2\gamma_2(h-3)\} \tag{3-2}$$

其中,$[R_a]$—— 单桩轴向受压承载力容许值(kN),桩身自重与置换土重(当自重计入浮力时,置换土重也计入浮力)的差值作为荷载考虑。

u—— 桩身周长(m)。

A_p—— 桩端截面面积(m^2),对于扩底桩,取扩底截面面积。

n—— 土的层数。

l_i—— 承台底面或局部冲刷线以下各土层的厚度(m),扩孔部分不计。

q_{ik}—— 与 l_i 对应的各土层与桩侧的摩阻力标准值(kPa),宜采用单桩摩阻力试验确定,当无试验条件时按规范选用。

q_r—— 桩端处土的承载力容许值(kPa),当持力层为砂土、碎石土时,若计算值超过下列值,宜按下列值采用:粉砂 1000kPa;细砂 1150kPa;中砂、粗砂、砾砂 1450kPa;碎石土 2750kPa。

$[f_{a0}]$—— 桩端处土的承载力基本容许值(kPa),按本规范确定。

h—— 桩端的埋置深度(m),对于有冲刷的桩基,埋深由一般冲刷线起算;对无冲刷的桩基,埋深由天然地面线或实际开挖后的地面线起算;h 的计算值不大于 40m,当大于 40m 时,按 40m 计算。

k_2—— 容许承载力随深度的修正系数,根据桩端处持力层土类按本规范选用。

γ_2—— 桩端以上各土层的加权平均重度(kN/m^3),若持力层在水位以下且不透水时,不论桩端以上土层的透水性如何,一律取饱和重度;当持力层透水时则水中部分土层取浮重度。

λ—— 修正系数,按规范选用。

m_0—— 清底系数,按规范选用。

(2) 沉入桩的容许承载力

沉入桩与钻(挖) 孔灌注桩,由于施工方法不同,根据试验资料所得桩侧摩阻力和桩底阻力数据不同,所给出的计算式和有关数据也不同。

$$[R_a]=\frac{1}{2}\left(u\sum_{i=1}^{n}\alpha_i l_i q_{ik}+\alpha_r A_p q_{rk}\right) \tag{3-3}$$

其中,$[R_a]$—— 单桩轴向受压承载力容许值(kN),桩身自重与置换土重(当自重计入浮力时,置换土重也计入浮力)的差值作为荷载考虑。

u—— 桩身周长(m)。

A_p—— 桩端截面面积(m^2)。

n—— 土的层数。

l_i—— 承台底面或局部冲刷线以下各土层的厚度(m)。

q_{ik}—— 与 l_i 对应的各土层与桩侧的摩阻力标准值(kPa),宜采用单桩摩阻力试验确定或通过静力触探试验测定，当无试验条件时按规范选用。

q_{rk}—— 桩端处土的承载力标准值(kPa)，宜采用单桩试验确定或通过静力触探试验测定，当无试验条件时按规范选用。

α_i，α_r—— 振动沉桩对各土层桩侧摩阻力和桩端承载力的影响系数，按规范采用；对于锤击、静压沉桩其值均取为1.0。

2. 端承桩

支承在基岩上或嵌入基岩内的钻(挖)孔桩、沉桩的单桩轴向受压承载力容许值$[R_a]$，可按下式计算：

$$[R_a]=c_1A_pf_{rk}+u\sum_{i=1}^{m}c_{2i}h_if_{rki}+\frac{1}{2}\zeta_su\sum_{i=1}^{n}l_iq_{ik} \tag{3-4}$$

其中，$[R_a]$—— 单桩轴向受压承载力容许值(kN)，桩身自重与置换土重(当自重计入浮力时，置换土重也计入浮力)的差值作为荷载考虑。

c_1—— 根据清孔情况、岩石破碎程度等因素而定的端阻发挥系数，按规范采用。

A_p—— 桩端截面面积(m^2)，对于扩底桩，取扩底截面面积。

f_{rk}—— 桩端岩石饱和单轴抗压强度标准值(kPa)，黏土质岩取天然湿度单轴抗压强度标准值，当f_{rk}小于2MPa时按摩擦桩计算(f_{rki}第i层的f_{rk}值)。

c_{2i}—— 根据清孔情况、岩石破碎程度等因素而定的第i层岩层的侧阻发挥系数，按规范采用。

u—— 各土层或各岩层部分的桩身周长(m)。

h_i—— 桩嵌入各岩层部分的厚度(m)，不包括强风化层和全风化层。

m—— 岩层的层数，不包括强风化层和全风化层。

ζ_s—— 覆盖层土的侧阻力发挥系数，根据桩端f_{rk}确定：当$2\text{MPa}\leqslant f_{rk}<15\text{MPa}$时，$\zeta_s=0.8$；当$15\text{MPa}\leqslant f_{rk}<30\text{MPa}$时，$\zeta_s=0.5$；当$f_{rk}>30\text{MPa}$时，$\zeta_s=0.2$。

l_i—— 各土层的厚度(m)。

q_{ik}—— 桩侧第i层土的侧阻力标准值(kPa)，宜采用单桩摩阻力试验确定，当无试验条件时按规范选用。

n—— 土的层数，强风化和全风化岩层按土层考虑。

3. 桩端后压浆灌注桩

桩端后压浆灌注桩单桩轴向受压承载力容许值应通过静载试验确定。在符合压浆技术规定的条件下，后压浆单桩轴向受压承载力容许值可按下式计算：

$$[R_a]=\frac{1}{2}u\sum_{i=1}^{n}\beta_{si}l_iq_{ik}+\beta_pA_pq_r \tag{3-5}$$

其中，$[R_a]$—— 桩端后压浆灌注桩的单桩轴向受压承载力容许值(kN)，桩身自重与置换土重(当自重计入浮力时，置换土重也计入浮力)的差值作为荷载考虑。

β_{si}—— 第i层土的侧阻力增强系数，可按规范取值，当在饱和土层中压浆时，仅对桩端以上8.0～12.0m范围的桩侧阻力进行增强修正；当在非饱和土层中压浆时，仅对桩端以上4.0～5.0m的桩侧阻力进行增强修正；对于非增强影响范围，$\beta_{si}=1$。

β_p—— 端阻力增强系数，可按规范取值。

注：单桩轴向受压承载力容许值[R_a]，应根据桩的受荷阶段及受荷情况乘以规定的抗力系数（见表 3-1）。

表 3-1　单桩轴向承载力的抗力系数

受荷阶段	作用效应组合		抗力系数
使用阶段	短期效应组合	永久作用与可变作用组合	1.25
		结构自重、预加力、土重、土侧压力和汽车、人群组合	1.00
	作用效应偶然组合（不包括地震作用）		1.25
施工阶段	施工荷载效应组合		1.25

4. 考虑桩身材料强度

一般来说，桩的轴向受压承载力往往由土对桩的承载力控制。但当桩穿过极软弱土层，支承或嵌固于岩层或坚硬土层上时，单桩的轴向受压承载力往往又由桩身材料强度控制。

在轴向荷载作用下，单桩受力情况如同一根全部或部分埋入土中的轴向受压杆件，如再有弯矩或横向力作用，则单桩就是一个偏心受压构件。

因此，细长杆在荷载达到一定数值时，就会发生纵向挠曲而失稳。根据《公路钢筋混凝土及预应力混凝土桥涵设计规范》（JTG D62—2004），对于钢筋混凝土桩，基桩的竖向承载力可归结为桩身轴向强度计算，仅做简介如下。

（1）轴心受压情况

钢筋混凝土桩，配有普通箍筋时，轴心受压情况下，其截面强度按下式计算：

$$\gamma_0 N_d \leqslant 0.90\varphi(f_{cd}A + f'_{sd}A'_s) \tag{3-6}$$

钢筋混凝土桩，当采用螺旋式或焊接环式间接钢筋时，轴心受压情况下，其截面强度按下式计算：

$$\gamma_0 N_d \leqslant 0.90(f_{cd}A_{cor} + f'_{sd}A'_s + kf_{sd}A_{s0}) \tag{3-7}$$

（2）偏心受压情况

$$\gamma_0 N_d \leqslant Ar^2 f_{cd} + C\rho \cdot r^2 f'_{sd} \tag{3-8}$$

$$\gamma_0 N_d \eta e_0 \leqslant Br^3 f_{cd} + D\rho \cdot r^3 f'_{sd} \tag{3-9}$$

二、试验方法测定单桩轴向容许承载力

桩的承载力是一个涉及桩、土边界条件及其相互作用的复合响应问题，其破坏模式很多、破坏机理也很复杂，计算结果的可靠程度往往并不能令人满意。而桩的载荷试验是测定承载力大小的最可靠的手段，它包括静载荷试验、动载荷试验和自平衡载荷试验等方法。

1. 轴向抗压静载荷试验

垂直静载试验法即在桩顶逐级施加轴向荷载，并在试验过程中测量每级荷载下不同时

间的桩顶沉降，根据沉降与荷载及时间的关系（$P-S$ 曲线、$S-\lg t$ 曲线），分析确定单桩轴向抗压容许承载力。

静载试验设备主要由主梁、次梁、锚桩或压重等反力装置，千斤顶、油泵加载装置，压力表、压力传感器或荷重传感器等荷重测量装置，基准装置、百分表或位移传感器等位移测量装置组成。其中试验加载装置可根据现场条件选取下述三种形式之一：锚桩横梁反力装置、堆重平台反力装置、锚桩堆重联合反力装置（图 3-23）。

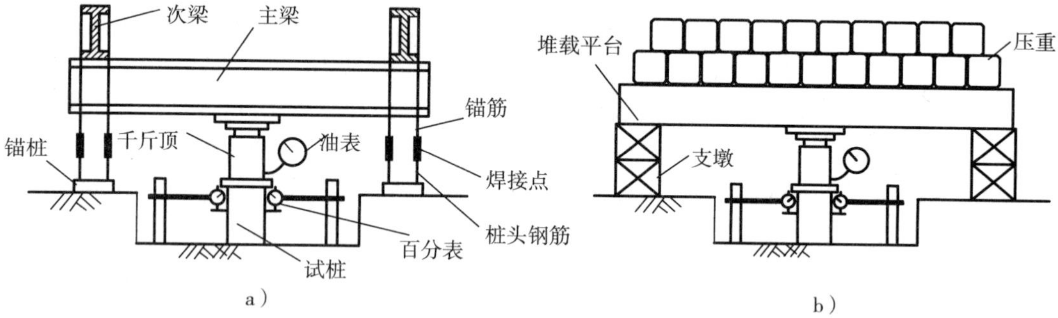

图 3-23 基桩静载试验加载装置

a）锚桩反力装置；b）堆载反力装置

当试验桩为设计提供依据时，应加载至破坏（破坏性试验）；当对工程桩抽样检测时，加载量不应小于设计要求的单桩承载力特征值的 2.0 倍（鉴定性试验）。

单位工程同一条件下的单桩竖向抗压承载力容许值应按单桩竖向抗压极限承载力统计值的一半取值，具体见《建筑基桩检测技术规范》(JGJ 106—2014)。

采用静载试验法确定单桩容许承载力比较符合实际情况，是较可靠的方法，但需耗费较多的人力、物力和试验时间。

《公路桥涵地基与基础设计规范》(JTG D63—2007)规定，对于具有下列情况的大桥、特大桥，应通过静载试验确定单桩承载力：桩的入土深度远超过常用桩；地质情况复杂，难以确定桩的承载力；有其他特殊要求的桥梁用桩。

《公路桥涵施工技术规范》(JTG/T F50—2011)规定：勘测设计阶段的试桩数量由设计部门确定，施工阶段的试桩数量要求在相同地质情况下，按总桩数的 1%计，并不得少于 2 根。

2. 动载荷试验（高应变法）

基桩的动载荷试验常称动测法，主要功能是判定单桩竖向抗压承载力是否满足设计要求。

静力试验法，是比较费时费钱的，因此往往只能做极少数的试桩。动测法较静力试验法轻便快速，可对桥的多根桩，甚至全部桩进行测试。

动测法目前习惯于按试验时桩土应变的大小划分为高应变（亦称大应变）和低应变（亦称小应变）两类。一般认为，对桩顶施加锤击激振，使桩身下沉应变达到 1.5～2.5mm 以上者称为高应变法，否则称为低应变法。

低应变法是用小能量在桩顶激振，桩土间不产生相对位移，主要通过测定桩土弹性振动时的动力特性参数或波谱来判断桩结构的完整性。

高应变法作用于桩顶的能量较大，能使桩与土之间发生相对塑性位移而产生贯入度，采用较合理的计算模式和精确的测定桩-土系统响应信号，可以较准确地测得单桩承载力(图 3－24)。

激振宜采用由铸铁或铸钢整体制作的自由落锤。锤体应材质均匀、形状对称、底面平整，高径比不得小于 1。检测单桩轴向抗压承载力时，激振锤的重量不得小于基桩预估极限承载力的 1.2%，宜重锤低击，锤的最大落距不宜大于 2.0m，锤击次数宜为 2～3 击。用于推算桩的极限承载力时，桩的单击贯入度不得低于 2mm 且不宜大于 6mm，具体见《公路工程基桩动测技术规程》(JTG/T F81－01—2004)。

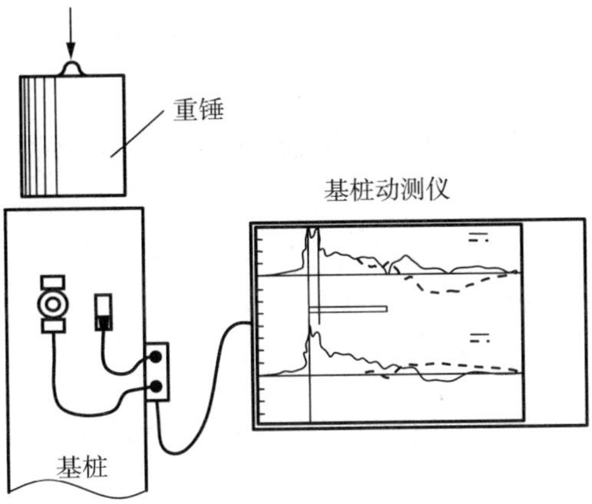

图 3－24　高应变动载荷测试示意图

3. 自平衡载荷试验

由高应变动测法推算被检桩的轴向抗压极限承载力时，所用的锤击力必须能够使桩产生一定的贯入度，以使得桩侧、桩端岩土阻力得以充分发挥。对超长、桩端无沉渣的大直径扩底桩和嵌岩桩，由于其截面积大和实际极限承载力高等多种原因，激振用的锤重往往不足以使桩身产生足够的贯入度，因而不能满足高应变动测法推算被检桩轴向抗压极限承载力的基本条件。此时，可考虑采用在桩身中预埋荷载箱进行自平衡静载荷试验确定单桩承载力。

自平衡试桩法是接近于竖向抗压(拔)桩的实际工作条件的试验方法。把一种特制的加载装置——荷载箱，预先放置在桩身通过计算确定的位置，将荷载箱的高压油管和位移杆引到地面(平台)。由高压油泵在地面(平台)向荷载箱充油加载，荷载箱将力传递到桩身，其上部桩侧极限摩阻力及自重与下部桩侧极限摩阻力及极限桩端阻力相平衡来维持加载，从而获得桩的承载力。其测试原理见图 3－25。

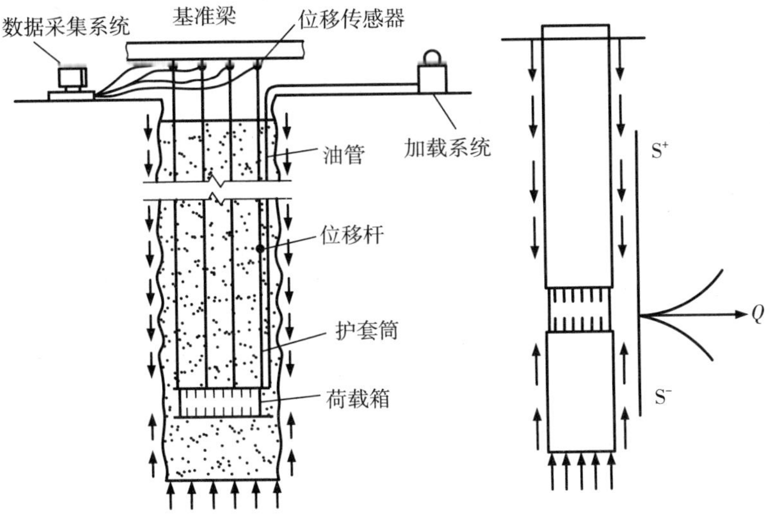

图 3－25　基桩自平衡法静载试验示意图

单桩竖向极限承载力标准值应根据试桩位置、实际地质条件、施工情况等综合确定。具体试验方法、数据处理详见《基桩静载试验　自平衡法》(JT/T 738—2009)。

3-3-2　单桩横向容许承载力的确定

桩的横向承载力，是指桩在与桩轴线垂直方向受力时的承载能力。桩在横向力(包括弯矩)作用下的基桩的工作性状比轴向受力时要复杂些，其横向承载力不仅与桩身材料强度有关，而且在很大程度上取决于桩侧土的横向抗力。

一、桩在横向荷载作用下的工作性状

桩在横向力(包括弯矩)作用下，桩身势必产生横向位移或挠曲，并与桩侧土共同变形。其工作性状通常有下列两种情况：

1. 刚性短桩破坏

当桩很短、桩顶自由时，入土深度较小或周围土层较松软，即桩的刚度远大于土层刚度，桩的相对刚度较大时，受横向力作用后桩身挠曲变形不明显，如同刚体一样围绕桩轴某一点转动，如图 3-26a 所示。如果不断增大横向荷载，则可能由于桩侧土强度不够而失稳，使桩丧失承载的能力或破坏。因此，基桩的横向容许承载力可能由桩侧土的强度及稳定性决定。

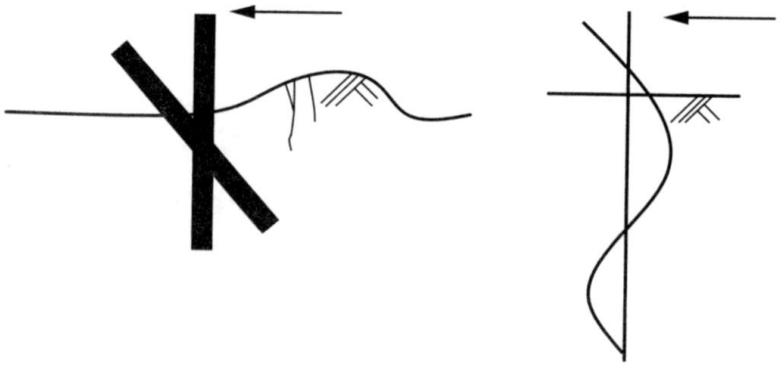

a)　　　　b)

图 3-26　桩在横向力作用下变形示意图

a)刚性桩；b)弹性桩

2. 弹性桩的破坏

当桩入土深度较大或周围土层较坚实，即桩的相对刚度较小时，由于桩侧土有足够大的抗力，桩身发生挠曲变形，其侧向位移随着入土深度增大而逐渐减小，以至达到一定深度后，几乎不受荷载影响，形成一端嵌固的地基梁。桩的变形为如图 3-26b 所示的波状曲线。如果不断增大横向荷载，可使桩身在较大弯矩处发生断裂或使桩发生过大的侧向位移，超过了桩或结构物的容许变形值。因此，基桩的横向容许承载力将由桩身材料的抗剪强度或侧向变形条件决定。

以上是桩顶自由的情况，桩顶在承台中嵌固的条件；对桩在横向力作用下的抗弯变形性状是有利的。

二、确定单桩横向容许承载力的方法

1. 横向静载试验

桩的横向静载试验是确定桩的横向承载力的较可靠的方法，也是常用的研究分析试验方法。试验是在现场条件下进行，所确定的单桩水平承载力和地基土的水平抗力系数最符合实际情况。如果预先已在桩身埋有量测元件，则可测定出桩身应力变化，并由此求得桩身弯矩分布。

其试验装置如图 3－27 所示。试验是采用千斤顶施加横向荷载，其施力点位置宜放在实际受力点位置。在千斤顶与试桩接触处宜安置一个球形铰座，以保证千斤顶作用力能水平通过桩身轴线。桩的水平位移宜采用大量程百分表测量。固定百分表的基准桩宜打设在试桩侧面靠位移的反方向，与试桩的净距不小于 1 倍试桩直径。

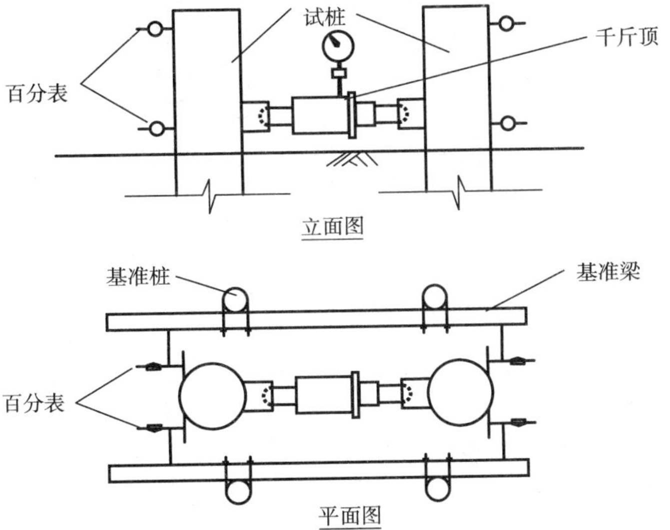

图 3－27　单桩水平静载试验装置示意图

试验的基本原理同垂直静载试验，只是力的作用方向不同。通过试验求得极限承载力，用极限承载力再得出桩的横向容许承载力。具体试验方法、数据处理详细见《建筑基桩检测技术规范》(JGJ 106—2003)。

2. 分析计算法

此法是根据某些理论(如弹性地基梁理论)，计算桩在横向荷载作用下，桩身内力与变位及桩对土的作用力，验算桩身材料和桩侧土的强度、稳定性以及桩顶或墩台顶位移等，从而可评定桩的横向容许承载力。

3－3－3　桩的负摩阻力

一、负摩阻力概念及其产生原因

一般情况下，桩受竖向荷载作用后，相对于桩侧土体作向下位移，土对桩产生向上作用的摩阻力，称正摩阻力（图 3－28a）。但当桩周土体因某种原因发生下沉，其沉降变形大于桩身的沉降变形时，在桩侧表面的全部或一部分面积上将出现向下作用的摩阻力，称为负摩阻力（图 3－28b）。

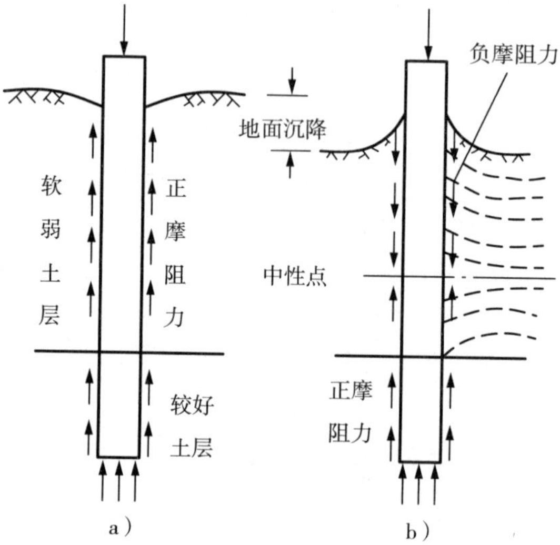

图 3－28　桩的正负摩阻力

负摩阻力将使桩侧土的部分重力传递给桩，成为施加在桩上的外荷载，使得桩的承载力相对降低。

桩的负摩阻力能否产生，主要是看桩与桩周土的相对位移发展情况。桩的负摩阻力产生的条件有以下几个方面：

（1）在桩附近地面大量堆载，引起地面沉降；

（2）土层中抽取地下水或其他原因，地下水位下降，使土层产生自重固结下沉；

（3）桩穿过欠压密土层（如填土）进入硬持力层，土层产生自重固结下沉；

（4）桩数很多的密集群桩打桩时，使桩周土中产生很大的超孔隙水压力，打桩停止后桩周土的再固结作用引起下沉；

（5）在黄土、冻土中的桩，因黄土湿陷、冻土融化产生地面下沉。

当桩穿过软弱、高压缩性土层而支承在坚硬持力层上时，最易发生桩的负摩阻力。

二、中性点及其位置的确定

桩身负摩阻力一般不发生于整个软弱压缩土层中，产生负摩阻力的范围是桩侧土层相对于桩产生下沉的范围。它与桩侧土层的压缩、桩身弹性压缩变形和桩底下沉有关。桩侧土层的压缩随深度增加而逐渐减小，因此，当到达一定深度后，桩侧土下沉量有可能在某一深度与桩身的位移量相等，此处桩侧摩阻力为零；而在此深度以上桩侧土下沉大于桩的位移，桩侧摩阻力为负；在此深度以下，桩的位移大于桩侧土的下沉，桩侧摩阻力为正。正、负摩阻力变换处的位置，称为中性点。

中性点的位置取决于桩与桩侧土的相对位移，并与作用荷载和桩周土的性质有关。要精确地计算出中性点位置是比较困难的，目前多采用依据一定的试验结果得出的经验值。

三、负摩阻力计算

目前，国内外对负摩阻力的计算方法研究尚不够完善，计算方法较多，且差异较大，而现场试验则投入大、周期长。因此，多根据有关资料按经验公式进行估算。《公路桥涵地基与基础设计规范》(JTG D63—2007)提供了计算方法，故在此从略。

在桩基设计中，可采用某些措施(如预制桩表面涂沥青层等)来降低或消除负摩阻力。

【学习实践】

1. 工程实践中，现场测定单桩轴向容许承载力的方法有哪些？
2. 产生负摩阻力的原因是什么？其对单桩承载力有何影响？

【实践过程】

【学习心得】

通过本任务的学习，我的体会有……

……

……

……

……

……

……

……

……

……。

任务3-4 泥浆护壁钻孔灌注桩基础施工

【学习目标】

通过本任务的学习，要求学生熟悉以下内容：

1. 熟悉泥浆护壁钻孔灌注桩施工工艺。
2. 掌握质量控制关键工序。

【学习内容】

灌注桩是在成好的孔内放入钢筋笼、灌注混凝土而筑成的深基础。灌注桩桩型丰富，几乎能适用于各种地层，陆地和水上都可施工，目前作为主要基础结构形式被广泛应用于各类建筑工程中。

常用灌注桩的施工工艺有泥浆护壁钻孔灌注桩、干作业成孔灌注桩和沉管灌注桩等。

泥浆护壁钻孔灌注桩桩基是一种传统的施工工艺，根据钻机的不同性能，可适用于黏土、粉土、砂土、碎石土、风化岩、岩石等地质类型。

一、施工准备

1. 技术准备

施工人员要熟悉施工图纸、施工现场的情况，根据地质情况及进度要求选择合适的钻机，编制泥浆护壁钻孔桩基施工组织设计。

由项目总工程师组织向施工技术人员进行书面的一级技术、安全、环保交底。

开工前，对设计单位移交的导线点、永久的水准点进行复测；按施工现场的实际情况加密导线点和水准点，并与相邻标段联测。

据坐标控制点和水准控制点进行桩位和高程放样。

提出水下混凝土的施工配合比。

2. 主要的施工机具准备

土方机械、钻孔机械、电源、钢筋加工设备、混凝土设备、灌注设备、安全设备等。

3. 原材料准备

造浆材料：水、黏土或膨润土、添加剂等。

原材料：钢筋、水泥、砂子、碎石、水等。

水泥混凝土用各种外加剂。

4. 开工条件

混凝土配比已批准，拌和站已标定，各种材料已检验，钢筋笼已验收，各种机械设备均能正常使用。

开工前施工现场要完成“三通一平”，施工用的临时设施准备就绪，特别是施工便道要保持畅通、湿润，钻机、吊车、混凝土罐车能够到井口。

挖好泥浆池、备好造浆黏土（如果需要造浆），布置好出渣道路。现场技术员对操作工人进行二级技术、安全、环保交底。必要时，在正式施工前应做成孔试验。

二、施工操作工艺

泥浆护壁钻孔桩施工工艺流程(图 3－29)。

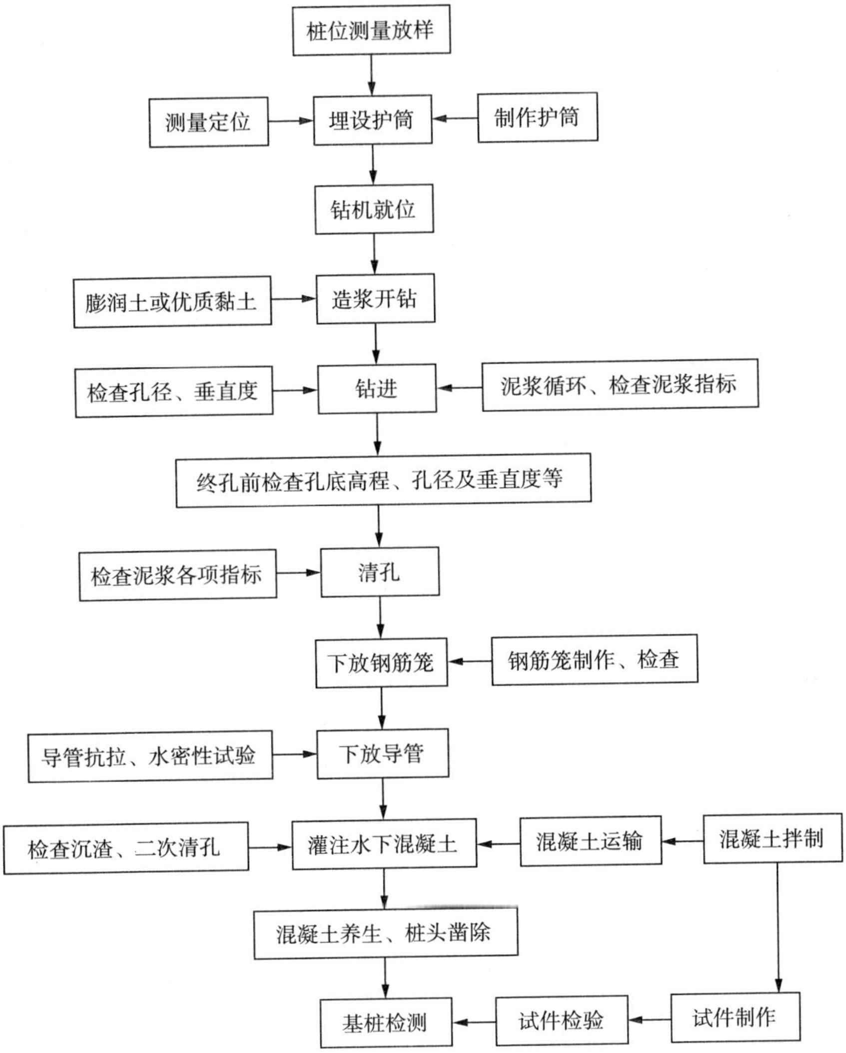

图 3－29　泥浆护壁钻孔桩施工工艺流程

1. 测量放样

根据复测的导线点、水准点成果对桩基础进行中桩和高程放样。根据放样的位置填筑或搭设钻机施工平台。

2. 埋设护筒

泥浆护壁灌注桩一般都需设护筒，以固定桩位，保护孔口防止坍塌，隔离地下水或海(河)水和保持孔内水位高出施工水位以防坍孔，同时护筒还可以起到钻(冲)孔导向作用。因此在施工前必须按设计要求制作、下沉或埋设护筒(图 3－30)。

护筒为圆筒形结构物，大多数用钢板卷制而成，水文地质条件好的情况下也可用钢筋混凝土圆管做护筒，内径根据钻头摆幅宜比桩径大20～40cm。

埋设护筒的方法和要求，应符合《公路桥涵施工技术规范》(JTG/T F50—2011)的规定。如果钻孔是在陆地上进行的，则一般采用挖坑法；桩基础位于水中，下沉护筒有压重、振动锤击并辅以筒内挖土等方式。

图 3－30 钢护筒实物图

3. 制备泥浆

泥浆在钻孔中的作用：在孔内产生较大的液压力，防止坍孔；泥浆向孔外土层渗漏过程中，在孔壁表面形成一层胶泥皮，将孔内外水流切断，能稳定孔内水位；泥浆相对密度大，具有浮渣作用，利于钻渣的排出。根据成孔和清孔的不同方法，泥浆的使用方法大致可分为静止和循环两种方式。循环方式按孔内泥浆流动的方向又可分为正循环和反循环。

钻孔泥浆一般由水、黏土(或膨润土)和添加剂(分散剂、增黏剂、加重剂及防漏剂)按适当配合比配制而成，其性能指标可参照表 3－2 选用。

表 3－2 泥浆性能指标选择

钻孔方法	地层情况	泥浆性能指标							
		相对密度	黏度(Pa·s)	含砂率(%)	胶体率(%)	失水率(mL/30min)	泥皮厚(mm/30min)	静切力(Pa)	酸碱度(pH)
正循环	一般地层	1.05～1.20	16～22	8～4	≥96	≤25	≤2	1.0～2.25	8～10
	易坍地层	1.20～1.45	19～28	8～4	≥96	≤15	≤2	3～5	8～10
反循环	一般地层	1.02～1.06	16～20	≤4	≥95	≤20	≤3	1～2.5	8～10
	易坍地层	1.06～1.10	18～28	≤4	≥95	≤20	≤3	1～2.5	8～10
	卵石土	1.10～1.15	20～35	≤4	≥95	≤20	≤3	1～2.5	8～10
旋挖	一般地层	1.02～1.10	18～22	≤4	≥95	≤20	≤3	1～2.5	8～11
冲击	易坍地层	1.20～1.40	22～30	≤4	≥95	≤20	≤3	3～5	8～11

注：①地下水位高或其流速大时，指标取高限，反之取低限。

② 地质状态较好，孔径或孔深较小的取低限，反之取高限。

③ 在不易坍塌的黏质土层中，使用推钻、冲抓、反循环回转钻进时，可用清水提高水头(≥2m)维护孔壁。

④ 若当地缺乏优良黏质土，远运膨润土亦很困难，调制不出合格泥浆时，可掺用添加剂改善泥浆性能。

直径大于 2.5m 的大直径钻孔灌注桩对泥浆的要求较高的情况下，宜使用 PHP 泥浆，其主要成分有膨润土、碳酸钠、聚丙烯酰胺、羧甲基纤维素、锯木屑、水泥、重晶粉等，此泥浆的特点是不分散、低固相、高黏度。

在较好的黏土层中钻孔，也可先灌入清水，钻孔时在孔内自造泥浆。

4. 制作钢筋笼

在钻孔之前或者钻孔的同时要制作好钢筋笼，以便成孔、清孔后尽快下放钢筋笼、灌注混凝土，防止塌孔事故的发生。

钢筋笼的质量好坏直接影响着整个桩的强度，制作应符合设计要求和《公路桥涵施工技术规范》(JTG/T F50—2011)有关规定。

钢筋笼应在加工场地按设计要求加工、运输到现场，为防止吊装时钢筋笼变形，必须加焊加强筋(图 3-31)。

图 3-31　钢筋笼实物图

为保证加工精度，控制变形及考虑起吊的等因素，钢筋笼通常要求分段制作，分段长度一般在 8m 左右，对于长桩，采取辅助措施后，可定为 12m 左右。分段制作的钢筋笼，在同一截面内的钢筋接头数不得多于主筋总根数的 50%，两接头间的距离不小于 500mm。

如有声测管时，声测管下上段的位置必须对齐，并将声测管与钢筋笼焊牢。

5. 安装钻机或钻架

钻架是钻孔、吊放钢筋骨架、灌注混凝土的支架。我国定型生产的旋转钻机和冲击钻机都附有定型钻架。

钻机稳定地安装在钻孔的一侧，钻机安装就位后，调整底座并保持平稳，以保证在钻进和运行中不产生位移及沉陷。另外注意钻机支承垫木不得压在孔口钢护筒上。

6. 钻机钻进

钻孔灌注桩因其施工情况的特殊性，钻孔时可能遇到的不确定因素较多，因此开钻前应制订详细可行的基桩施工作业指导书，包括施工工艺、钻孔前的设备检修、人员培训与准备、泥浆循环系统等，以及事故预案、安全方案、质检方案等，并应备有可靠的自发电系统和满足要求的混凝土拌和站。

无论采用何种方法钻孔，开孔的孔位必须准确。开钻时均应慢速钻进，待导向部位或钻头全部进入地层后，方可加速钻进。

采用正、反循环钻孔均应采用减压钻进，即钻机的主吊钩始终要承受部分钻具的重力，而孔底承受的钻压不超过钻具重力之和（扣除浮力）的 80%。根据不同土层选择与之相适应的进尺和转速。

钻孔作业应分班连续进行，不得间断。并经常对钻孔泥浆进行检测和试验，不合要求时，应随时改正。随时注意地层变化，在地层变化处均应捞取渣样，判明后与地质剖面图核对。

因故停止钻进，孔口应加护盖。严禁钻头留在孔内，以防埋钻。

1）钻孔方法和钻具

（1）旋转钻机成孔

利用钻具的旋转切削土体钻进，并在钻进的同时采用循环泥浆的方法护壁排渣，继续钻进成孔。我国现有旋转钻机按泥浆循环的程序不同，分为正循环与反循环两种。

① 正循环

在钻孔的同时，泥浆泵将泥浆打入空心钻杆内，通过钻杆中心从钻头喷入钻孔内，由于密度与黏性较大，带动钻头切削下的泥屑、碎石，沿钻孔向上浮起，从护筒顶部排浆孔排出至沉渣池。泥渣沉淀后，干净泥浆重新被打入孔中，这样一边钻进一边出渣，如图 3-32 所示。正循环的不足是泥浆密度大、出渣时间长，清基底较困难。

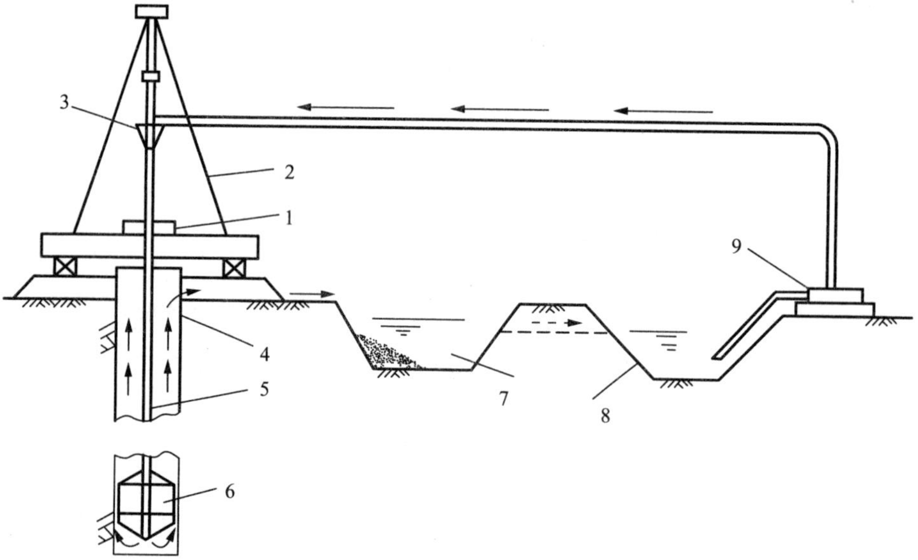

图 3-32　正循环旋转钻孔

1—钻机；2—钻架；3—泥浆管活接头；4—护筒；5—钻杆；6—钻头；7—沉渣池；8—泥浆池；9—泥浆泵

② 反循环

与上述正循环程序相反，将泥浆用泥浆泵送至钻孔内，然后从钻头的钻杆下口吸进，通过钻杆中心排出到沉淀池，泥浆沉淀后再循环使用，如图 3-33 所示。其中，反循环按抽吸孔底泥浆的设备和原理不同，又可分为泵吸反循环、气举反循环和射流反循环三种工作方式。

泵吸反循环：利用沙石泵的抽吸力迫使钻杆内部水流上升，使孔底带有钻渣的钻液不

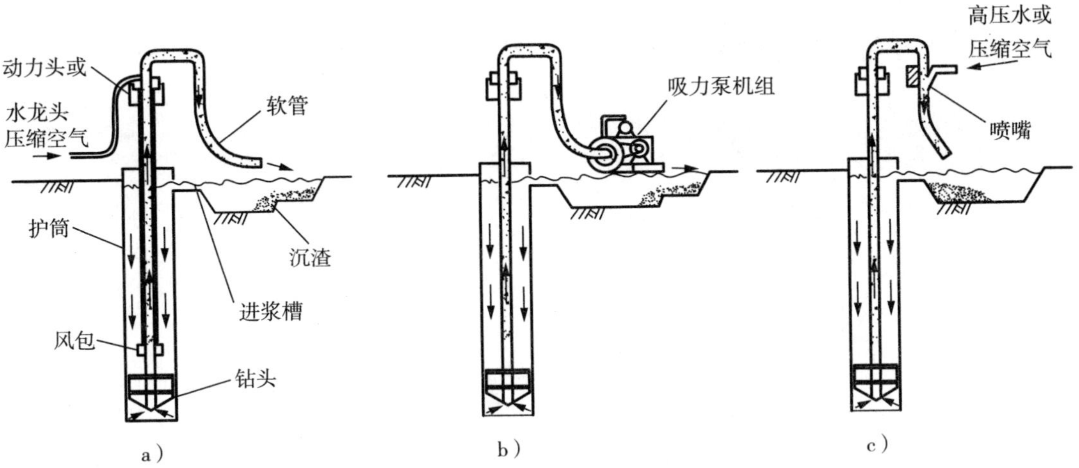

图 3-33　反循环工艺示意图

a)气举反循环；b)泵吸反循环；c)射流反循环

断补充到钻杆中，再由泵的出水管排出至集渣坑。由于钻杆内的钻液流速大，对物体产生的浮力也大，只要小于管径的钻渣都能及时排出，因此钻孔效率高。

气举反循环：将压缩空气通过供气管路送至钻杆下端的空气混合室，使其与钻杆内的钻液混合，在钻杆内形成比管外较轻的混合体，同时在钻杆外侧压力水柱的作用下，产生足够的提升力，将钻渣排出。

射流反循环：采用水泵为动力，将 500～700kPa 的高压水通过喷射嘴射入钻杆内，从钻杆上方喷射出去，利用流速形成负压，迫使带有钻渣的钻液上升而排出孔外。

反循环能有效地排除大粒径钻渣，减少钻渣滞留孔底时的重复破碎，提高排渣效率和钻进效率。对于大直径的桩以及支承桩，反循环较正循环具有更明显的优越性。

(2)冲击钻机成孔

冲击钻进成孔是采用冲击式钻机或用卷扬机带动一定质量的冲击钻头（或称为冲锥，10～35kN)，在一定的高度内周期性地做自由落体运动，冲击破碎岩层或冲挤土层形成桩孔，再用掏渣筒或泥浆循环等方法将岩屑、钻渣排出的成孔方法(图 3-34)。每次冲击破碎之后，冲锥在钢丝绳转向装置带动下转动一定的角度，从而使桩孔形成规则的圆形断面。

冲击式钻孔机结构简便、造价低廉，在国内是许多施工企业钻孔桩施工主要选用的设备之一。它适应的地质条件从一般土层到岩层都可以施工，尤其在卵石、漂石地层条件下它具有明显的优点。

常见的冲锥有一字形、十字形和圆形冲锥。实际施工时，应针对地层情况进行选择。目前较多采用带圆弧的十字形冲锥，如图 3-35 所示。为便于打捞，应在钻头上预设打捞环、打捞杠、打捞套。

掏取孔内钻渣的工具叫作掏渣筒，也叫抽筒、捞渣筒或掏泥筒，一般用 3～10mm 厚钢板卷成直径 40～60cm 的圆筒，圆筒高为 1.5～2.0m，上面用圆钢做成吊环，下面有活门。活门有碗形、单扇和双扇三种，如图 3-36 所示。

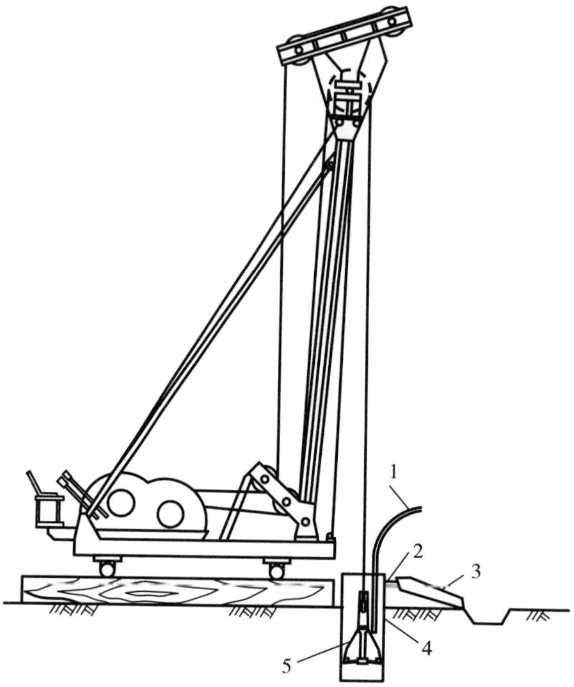

图 3-34　冲击式钻孔机示意图

1—供浆管；2—溢流口；3—泥浆渡槽；4—护筒；5—冲锥

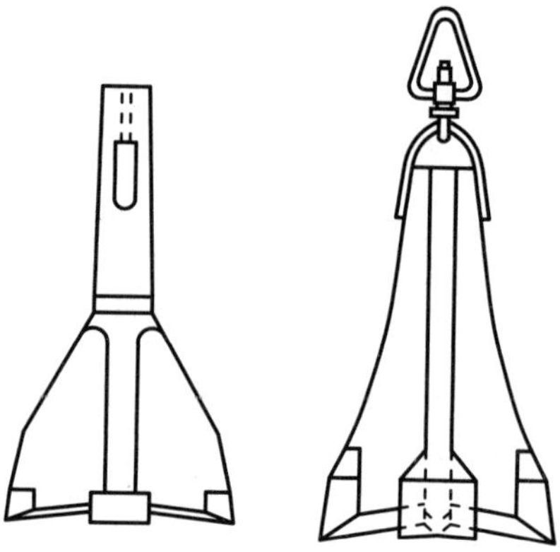

图 3-35　冲锥形式

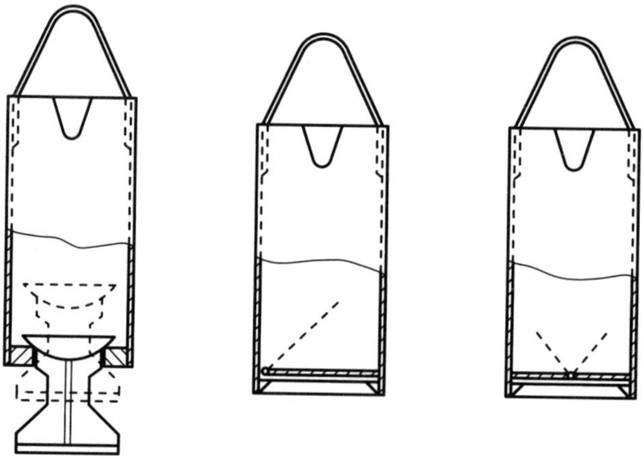

图 3-36　掏渣筒

a)碗形活门；b)单扇活门；c)双扇活门

冲击钻进时，孔内泥浆一般是不循环的，泥浆只起悬浮钻渣和保持孔壁稳定的作用，泥浆用量少、消耗小，也可利用泥浆排渣。

(3)旋挖钻机成孔

旋挖(也称回转斗)钻机成孔是通过底部带有活门的斗式钻头回转破碎岩土，在钻头旋转时切土进入土斗，装满土斗后停止旋转，然后再由主卷扬机提升伸缩钻杆将钻斗提出孔外，打开土斗弃土。合上斗门，下放钻杆，再次把钻头放入孔内，继续钻进，这样循环往复，直至钻至设计深度(图 3－37)。

图 3－37　旋挖钻机实物图

旋挖钻机成孔工艺不同于以往老式钻机要借助泥浆悬浮钻渣，而是利用斗筒(钻头)直接将渣土提升弃出孔外，泥浆基本上处于静态。对于松散易坍塌地层，或有地下水分布，孔壁不稳定，必须用泥浆进行护壁；而对于黏结性好的岩土层，可采用干式或清水钻进工艺，无须用泥浆护壁。

旋挖钻操作采用微电脑系统控制，精度高，速度快，能自动调整桩身的垂直度和倾斜度(有钻 1∶5 斜孔成功记录)，工效是一般循环钻机的 8 倍左右。

该钻机根据不同地质、不同孔径、不同孔深所采取的工艺也有所不同。其配套的钻具就有近 20 种，主要有螺旋钻头、旋挖钻头、岩芯钻头、取芯钻头、全断面破岩滚刀钻头、十字冲锤、扩底钻斗等几大类，如图 3－38 所示。但设备成本较高自重大，在软土地区、水网地区应谨慎使用。

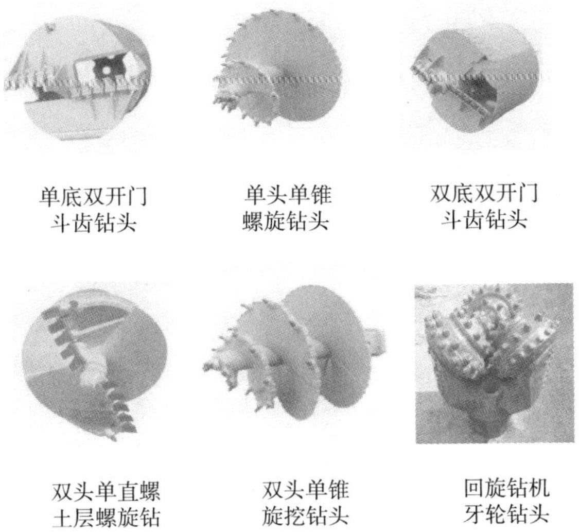

图 3－38　不同地质配套钻头

(4)潜水钻机成孔

转盘式钻机通过方形钻杆将动力从地面传到孔内钻头，而潜水钻机的旋转动力装置直接安装在钻头上，随钻头潜入水中，放入孔底，由孔底钻头上旋转动力装置带动钻头钻进。多数情况采用反循环排渣，切削下来的钻渣由空吸泵通过反循环口连续地吸上来，如图3－39所示。

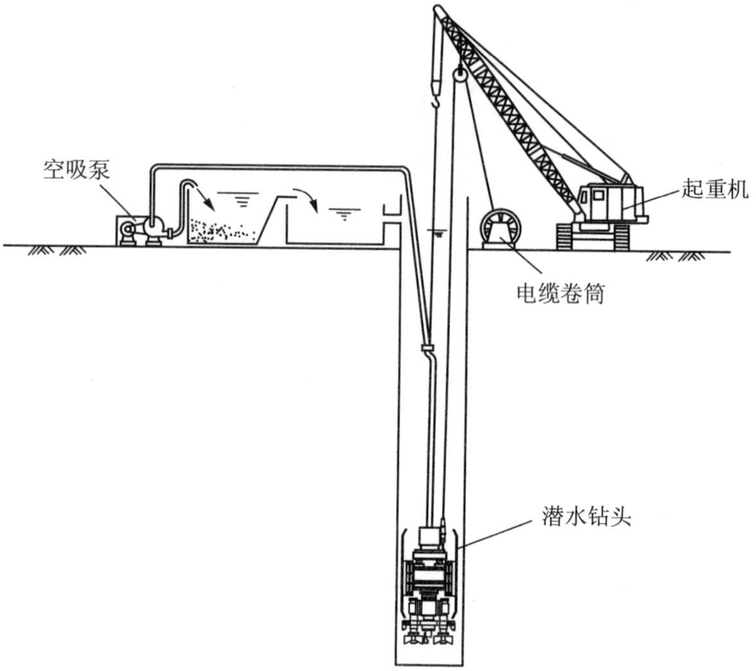

图3－39　潜水钻机工作状态示意图

潜水式钻孔机一般由主钻机(潜水钻头)、电缆卷筒、空吸泵三大部分组成。主钻机带动钻盘做逆时针公转，多个齿轮钻头同时做顺时针自转以平衡反向扭矩(图3－40)。齿轮钻头刃尖的轨迹是由自转和公转合成的螺旋曲线，这种曲线使钻头均匀地切削孔底的全断面。

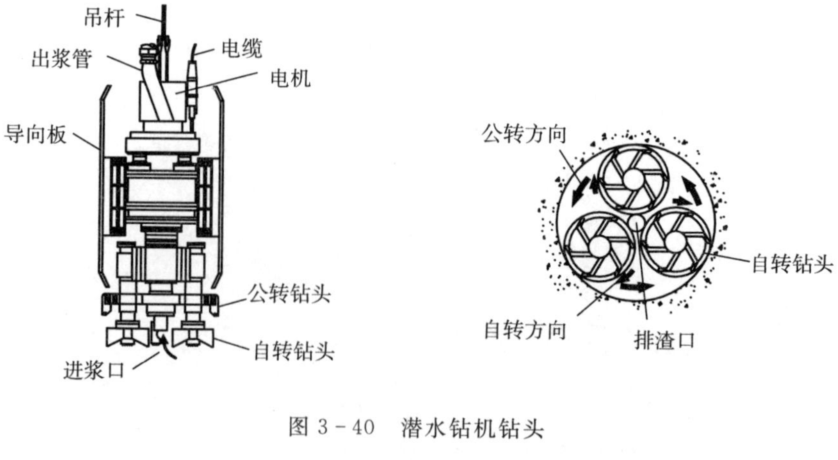

图3－40　潜水钻机钻头

2)成孔阶段事故及预防、处理措施

常见的钻孔事故：坍孔、钻孔偏斜、扩孔与缩孔、掉钻落物、糊钻、形成梅花孔、卡钻、钻杆折断等。其处理方法如下：

(1)坍孔：坍孔不严重时，可回填至坍孔位置以上，并采取改善泥浆性能，加高水头、埋深护筒等措施，继续钻进。坍孔严重时，应立即将钻孔全部用砂或小砾石夹黏土回填，暂停一段时间后重钻。坍孔部位不深时，可采取深埋护筒法，将护筒周围土夯填密实，重新钻孔。

(2)有孔身偏斜、弯曲时，一般可在偏斜处吊住钻锥反复扫孔，使钻孔正直。偏斜严重时，应回填黏性土到偏斜处，待沉积密实后重新钻进。

(3)遇有扩孔、缩孔时，应采取防止坍孔和钻锥摆动过大的措施。缩孔是钻锥磨损过甚、焊补不及时或因地层中有遇水膨胀的软土、泥岩造成的。对前者应及时补焊钻锥，对后者应用失水率小的优质泥浆护壁，对已发生的缩孔，宜在该处用钻锤上下反复扫孔以扩大孔径。

(4)由于钻锥的转向装置失灵、泥浆太稠(钻锥旋转阻力过大)或冲程太小(钻锥来不及旋转)，易发生梅花孔(或十字槽孔，多见于冲击钻孔)，可采用片石或卵石与黏土的混合物回填钻孔，重新冲击钻进。

(5)糊钻、埋钻常出现于正、反循环(含潜水钻机)回转钻进和冲击钻进中，遇此应对泥浆稠度、钻渣进出口、钻杆内径大小、排渣设备进行检查计算，并控制适当的进尺。若已严重糊钻，则应停钻，提出钻锥，清除钻渣。冲击钻锥糊钻时，应减小冲程、降低泥浆稠度，并在黏土层上上回填部分砂、砾石。遇到坍方或其他原因造成埋钻时，应使用空气吸泥机吸出埋钻的泥沙，提出钻锥。

(6)卡钻常发生在冲击钻孔，卡钻后不宜强提，只宜轻提，轻提不动时，可用小冲击钻锥冲击或用冲、吸的方法将钻锥周围的钻渣松动后再提出。

(7)掉钻落物时，宜迅速用打捞叉、钩、绳套等工具打捞；若落物已被泥沙埋住，应按前述各条，先清除泥沙，使打捞工具接触落体后再行打捞。

处理钻孔事故时，在任何情况下，严禁施工人员进入没有护筒或其他防护设施的钻孔中理故障。

7. 成孔质量检查

成孔质量的好坏直接影响到混凝土浇注后的成桩质量，由于复杂的地质条件和施工中的失误都有可能产生塌孔、缩径、桩孔偏斜、沉渣过厚等问题。因此，钻孔达到设计高程时，混凝土浇注前进行成孔质量检测对于控制成桩质量显得尤为重要。钻、挖孔成孔的质量标准见表3-3。

表3-3 钻、挖孔成孔质量标准

项目	允许偏差
孔的中心位置(mm)	群桩：100；单排桩：50
孔径(mm)	不小于设计桩径
倾斜度	钻孔：小于1%；挖孔：小于0.5%

（续表）

项目	允许偏差
孔深	摩擦桩：不小于设计规定；支承桩：比设计深度超深不小于 50mm
沉淀厚度(mm)	摩擦桩：符合设计要求，当设计无要求时，对于直径≤1.5m 的桩，≤200mm；对于桩径>1.5m 或桩长>40m 或土质较差的桩，≤300m。 支承桩：不大于设计规定；设计未规定时≤50mm
清孔后泥浆指标	相对密度：1.03～1.10；黏度：17～20Pa・s；含砂率：<2%；胶体率：>98%

注：清孔后的泥浆指标，是从桩孔的顶、中、底部分别取样检验的平均值。本项指标的测定，限指大直径桩或有特定要求的钻孔桩。

1)中心位置偏差检查

桩位偏差，即实际成桩位置偏离设计位置的差值。由于上部结构作用在基础上的荷载位置是不能变动的，桩偏位后，桩的受力状态发生了改变，即使采取补桩，也难以达到桩的原设计要求。成孔后，对桩位进行复测，检查桩中心位置并在复测平面图上标明实际桩位坐标。

2)孔径、倾斜度检测

孔径、倾斜度检测是成孔质量检测中的两项重要内容。目前用于孔径检测的仪器大多可同时测量桩的垂直度。桩孔径、垂直度检测常用的有钢筋笼简易法检测，伞形孔径仪检测等方法。

(1)简易法检测

钢筋笼孔径器形似小型钢筋笼，如图 3-41a，其尺寸根据检测桩的设计桩径大小设计，外径一般较设计桩径小 2～4cm。

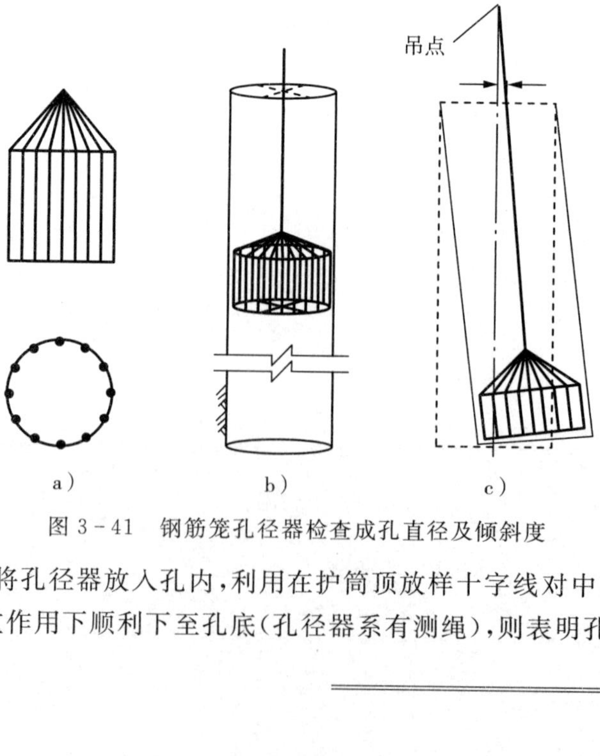

图 3-41　钢筋笼孔径器检查成孔直径及倾斜度

在钻孔成孔后，将孔径器放入孔内，利用在护筒顶放样十字线对中，如图 3-41b 所示，如果孔径器能在自重作用下顺利下至孔底(孔径器系有测绳)，则表明孔径满足设计桩径要求。反之则表明孔径小于设计桩径，则应重新扫孔或重新钻至设计孔径。

当孔径器在孔顶对中下落后，通过在护筒顶观测吊绳相对于放样中心点偏移情况，可计算成孔后孔的倾斜度，如图 3－41c 所示。

(2)伞形孔径仪检测

伞形孔径仪是由孔径仪、孔斜仪、沉渣厚度测定仪三部分组成的一个多功能测试系统。

如图 3－42 所示，测头放入孔中后，弹簧力使测腿自然张开并以一定的压力与孔壁接触，孔径变大则测腿张开角也变大，孔径缩小则孔壁压迫测腿收拢，则测腿的张开角变小，通过在测头上安装的电路将孔径值转化为电信号，由电缆送到地面被仪器接收、记录，可计算或直接绘出孔径。

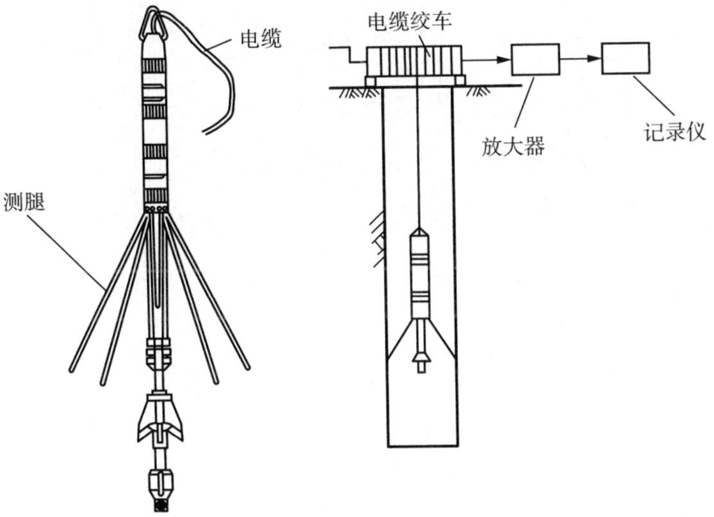

图 3－42　伞形孔径仪

采用伞形孔径仪测试系统中配套的专用测斜仪，在孔内不同深度连续多点测量其顶角和方位角(图 3－43)，根据所测得的顶角、方位角可计算孔的倾斜度。

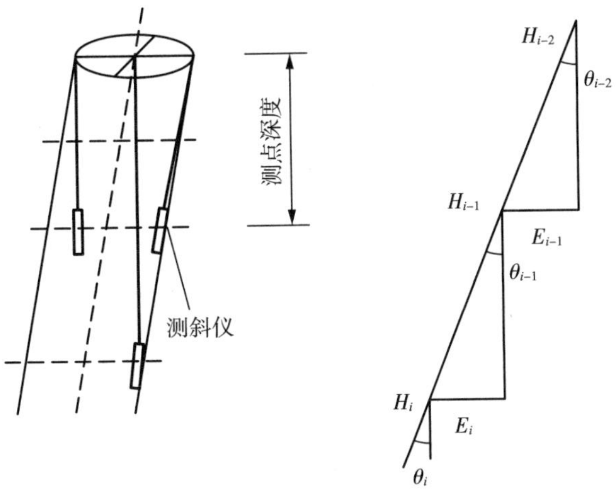

图 3－43　测斜仪测量垂直度

3)孔深检查

孔深通常用测锤法进行检查，测量工具为一锥形铸铁块(锤底直径约 15cm，高度约 22cm，质量约 5kg)，也可用并排焊接粗钢筋代替。测绳一般用较细钢丝绳，绳上每隔 1m 固定一金属数字铭牌，如图 3-44 所示。测量时测锤顶端系上测绳，把测锤慢慢沉入孔内，凭手感判断孔底位置，从测绳上读出孔底深度。

图 3-44　孔深测绳

4)孔底沉渣厚度检测

桩孔在灌注混凝土之前必须对沉渣厚度进行检测，必要时须进行再次清孔，直到沉渣厚度满足要求。目前测量沉渣厚度的方法大致有测锤法、电阻率法等。

(1)测锤法

方法与孔深测量完全一致，原理如图 3-45 所示，读出沉渣的顶面深度值 h，则成孔的深度 H 与测锤测量深度之差即为沉渣厚度值。

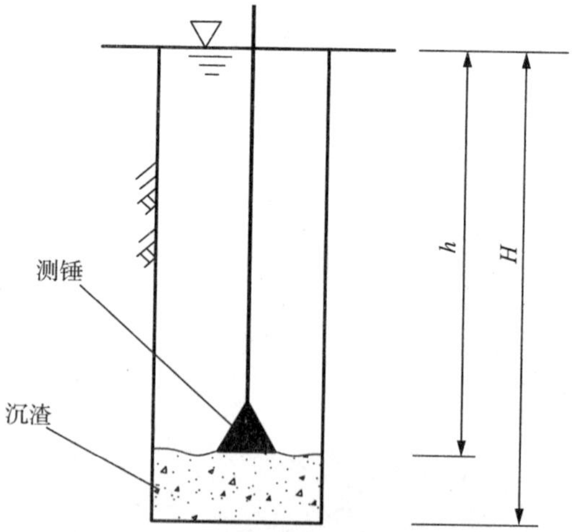

图 3-45　测锤法测量沉渣厚度

(2)电阻率法

电阻率法测量沉渣厚度的原理是根据不同介质的导电性差异，如水、泥浆和沉渣颗粒具有不同的导电性能，通过测量介质的电阻值变化判断沉渣厚度。

测量时将测头放至孔底，通过绞盘匀速慢慢地往上提，记录仪记录下孔底不同深度的介质电阻率值，并在记录纸上绘出电阻率变化曲线。图 3-46 为沉渣厚度测量的电阻率变化曲线，图中 P 点为曲线的拐点，它为两种介质的分界点，拐点以下部分为沉渣，其厚度可由记录纸上的深度坐标量得。

8. 清孔

清孔应紧接在终孔检查后进行，避免间隔时间过长引起泥浆沉淀过厚及孔壁坍塌。

清孔目的是抽、换孔内泥浆，清除钻渣，尽量减少孔底沉淀层厚度，防止桩底存留过厚的沉淀层而降低桩的承载力。

清孔方法有换浆、抽浆、掏渣、空压机喷射、砂浆置换等，可根据具体情况选择使用。

1)掏渣清孔

用掏渣筒掏取粗粒钻渣，不能降低泥浆相对密度，故只能作为冲击、冲抓成孔初步清孔。掏渣时应及时向孔内补充泥浆或清水，保证孔内水头高度。

2)抽浆清孔

用吸泥机吸出含钻渣的泥浆，同时用水泵向孔内注水，保持水位不变直至喷出清水或沉渣厚度达到设计要求为止(图 3-47)。此法清孔较为彻底，适用于孔壁不易坍塌的各种钻孔方法的灌注桩。

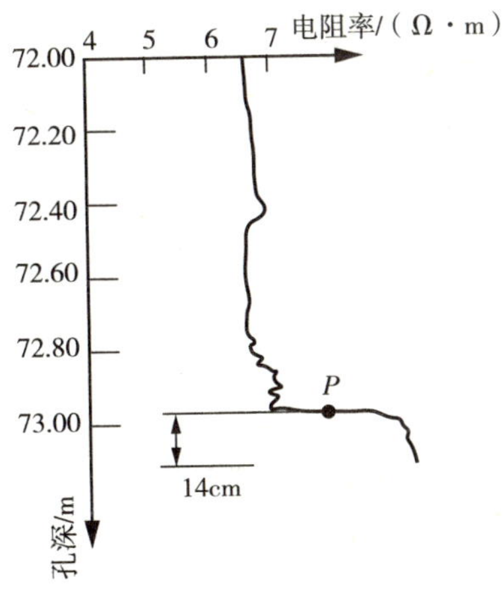

图 3-46　介质电阻率曲线

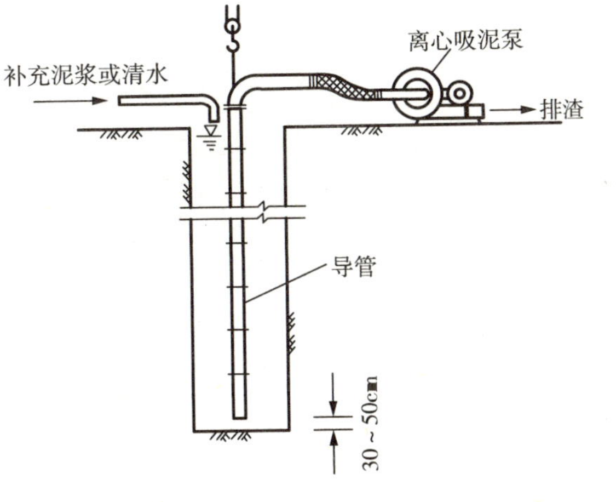

图 3-47　吸泥机抽浆清孔工艺示意图

3)换浆清孔

适用于正、反循环旋转钻孔的各类土层的摩擦桩。当钻孔完成后，可将钻头提离孔底 10～20cm 空转，以相对密度较低的泥浆继续循环，把孔内的悬浮钻渣和相对密度较大的泥浆换出，直至达到清孔要求。

4)喷射清孔

喷射清孔只宜配合其他清孔方法使用，是在灌注混凝土前对孔底进行高压射水或射风数分钟，使剩余少量沉淀物翻腾后，立即灌注水下混凝土。射水或射风的时间约 3～5min，所需射水(射风)的压力应比孔底水(泥浆)压力大 0.05MPa，射水压力过大易引起坍孔，过小则不能起到翻腾沉淀物的效果。

5)砂浆置换清孔

砂浆置换清孔法也可适用于换浆法清孔后,孔底沉淀物太厚不能满足设计要求的情况。利用砂浆溜槽将砂浆灌注于孔底处,转动钻头将底中的沉渣搅到砂浆中,然后立即安装钢筋骨架,浇筑混凝土。此法对短桩较适宜。

不论采用何种清孔方法,在清孔排渣时,必须注意保持孔内水头,防止坍孔。清孔后应从孔底提出泥浆试样,进行性能指标试验,清孔孔泥浆指标见表 3-2。

不得用加深钻孔深度的方式代替清孔。

9. 吊放钢筋骨架、二次清孔

清孔后尽快下放钢筋笼、灌注混凝土,以防止塌孔事故的发生。

起吊钢筋笼时要用吨位适宜的吊车,严格控制钢筋笼的变形,如吊钩处采取钢扁担勾挂等措施。

钢筋笼吊入孔要对准扶正,缓慢下放,避免碰撞孔壁。在骨架外侧设置控制保护层厚度的垫块,其间距竖向为 2m,横向圆周不得少于 4 处,如图 3-48 所示。

图 3-48 控制保护层厚度的垫块

每两节钢筋笼在现场进行连接,主筋为高强钢筋时,不宜采用焊接方法,应采用挤压套筒接头、螺纹套筒接头等机械方法连接。

声测管、压浆管下上段的位置必须对齐,并与钢筋笼焊牢,同时设计好管道接头,以防漏浆堵塞管道。

钢筋笼采用 4 根吊筋固定在机架上,避免灌混凝土时钢筋笼上浮。

在吊入钢筋骨架后,灌注水下混凝土之前,应再次检查孔内泥浆性能指标和孔底沉淀厚度,如超过规定,应进行第二次清孔,符合要求后方可灌注水下混凝土。

10. 灌注水下混凝土

1)对混凝土材料的要求

为保持足够的流动性,混凝土坍落度宜为 180～220mm。细集料宜采用级配良好的中砂。水泥的初凝时间不宜早于 2.5h,强度等级不宜低于 42.5 级,每立方米混凝土水泥用量不宜少于 350kg,当掺有适宜数量的减水缓凝剂或粉煤灰时,可不少于 300kg。

进行混凝土配合比设计时，要将混凝土强度等级提高 20%。含砂率宜采用 0.4～0.5，水灰比宜用 0.5～0.6，有试验依据时含砂率和水灰比可酌情增大或减小。

集料的最大粒径不应大于导管内径的 1/6～1/8 和钢筋的最小净距的 1/4，同时最大粒径不应超过 37.5mm。

为保证水下混凝土的质量，混凝土拌合物应有良好的和易性，距离稍远的宜采用混凝土搅拌车运输，采用混凝土泵泵送，确保在运输和灌注的过程中应无离析、泌水现象。

2)灌注设备

目前我国多采用提升导管法灌注水下混凝土。设备主要有钢导管、隔水栓(或闸板)、混凝土储料漏斗、测深锤等。

导管采用内壁应光滑的无缝钢管制作(图 3-49)，内径为 200～350mm，管每节长度一般为 2m，最下端一节导管长为 4～6m，不得短于 4m；同时应备有数节 1.0m、0.5m 及 0.3m 的短导管。导管两端用法兰盘或螺纹活接头连接，接头处使用橡胶圈(垫)密封，以保证接头不漏水导管。使用前应进行水密承压和接头抗拉试验，严禁用压气试压。进行水密试验的水压不应小于孔内水深 1.3 倍的压力。

图 3-49 钢导管

隔水塞一般采用 C20 混凝土制作(图 3-50a)，也可用硬木制成球状(图 3-50b)，外径比导管内径小 20mm。为保证隔水性能良好，在隔水塞的直径处附上橡胶圈，橡胶垫圈厚 3～5mm，直径比导管内径大 5～6mm。要求能从管内顺利排出，表面可涂上润滑油脂。

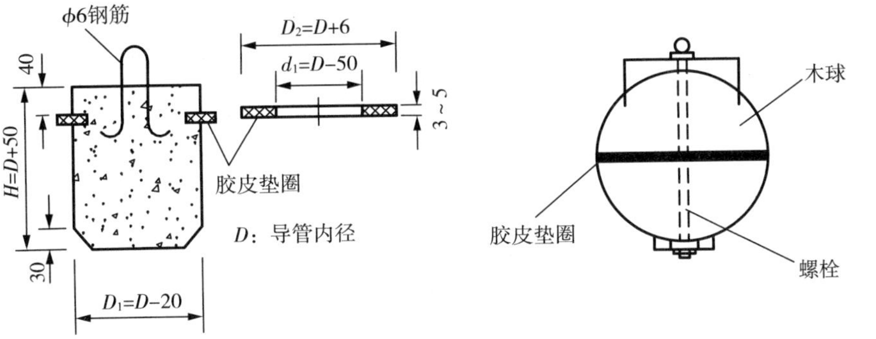

图 3-50 隔水塞(单位：mm)

储料漏斗可用 4～6mm 钢板制作，斗内壁光滑平整，不漏浆，不挂浆，混凝土下泄顺畅，储料斗容积以能满足初灌量的要求为限。

3)灌注方法

导管法的施工过程如图 3-51 所示。将导管居中插入到离孔底 0.3～0.4m,导管上口接漏斗,在接口处设隔水栓,以隔绝混凝土与导管内水的接触。漏斗中储备足够数量的混凝土后,放开隔水栓使漏斗中储备的混凝土连同隔水栓向孔底猛落,将导管内水挤出,混凝土从导管下落至孔底堆积,并使导管埋在混凝土内 1～1.5m。此后向导管连续灌注混凝土,导管的埋置深度宜控制在 2～6m。随着混凝土不断灌入钻孔,钻孔内初期灌注的混凝土及其上面的水或泥浆不断被顶托升高,相应地不断提升导管和拆除导管,直至钻孔灌注混凝土完毕。

4)灌注水下混凝土的注意事项

(1)首批灌注的混凝土数量,要保证将导管内水全部压出,并能将导管初次埋入 1～1.5m 深。按照这个要求计算第一斗混凝土的最小用量,从而确定漏斗的尺寸大小及储料槽的大小。漏斗和储料槽的最小容积(m^3)如图 3-52 所示。

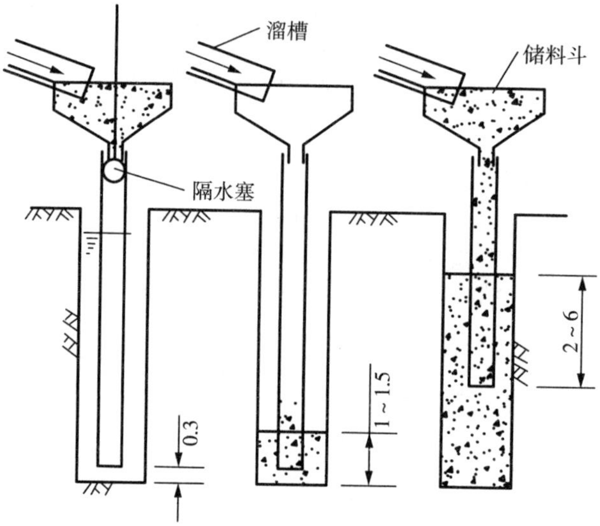

图 3-51　灌注水下混凝土(单位:m)

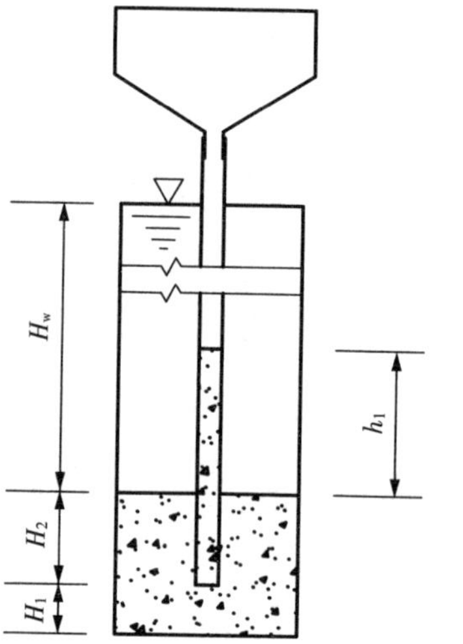

图 3-52　首批灌注的混凝土数量计算

$$V \geqslant \frac{\pi D^2}{4}(H_1 + H_2) + \frac{\pi d^2}{4}h_1 \qquad (3-10)$$

其中,V——灌注首批混凝土所需数量(m^3);

D——桩孔直径(m);

H_1——导管底端至桩孔底的间距,一般为 0.4m;

H_2——导管初次埋入深度(m);

h_1——桩孔内混凝土达到埋入深度 H_2时,导管内混凝土平衡管外(或泥浆)压力所需的高度(m),即 $h_1 = H_w \gamma_w / \gamma_c$;

d——导管内径(m);

H_w——井孔内混凝土面以上水或泥浆深度;

γ_w——井孔内水或泥浆的重度(kN/m^3);

γ_c——混凝土拌和物的重度(kN/m^3)。

漏斗顶端应比桩顶(桩顶在水面以下是应比水面)高出至少 3m,以保证在灌注最后部分混凝土时,管内混凝土能满足顶托管外混凝土及其上面的水或泥浆所需要的重力。

(2)混凝土拌和物运至灌注地点时,应检查其均匀性和坍落度,若不符合要求,应进行第二次拌和,二次拌和后仍不符合要求时,不得使用。

(3)首批混凝土拌和物下落后,混凝土应连续灌注。

(4)在灌注过程中,一方面要随时测量和记录孔内混凝土灌注高程和导管入孔长度,提管时控制和保证导管埋入混凝土面内有 2～6m 深度,防止导管提升过猛,管底提离混凝土面或埋入过浅,而使导管内逆水造成断桩夹泥;另一方面也要防止导管埋入过深,而造成导管内混凝土压不出或导管被混凝土埋住凝结,不能提升,导致中止灌注而成断桩。

(5)为防止钢筋骨架上浮,当灌注的混凝土顶面距钢筋骨架底 1m 左右时,应降低混凝土的灌注速度。

(6)灌注的桩顶高程应比设计值高出一定高度,一般为 0.5～1.0m,以保证混凝土强度,多余部分在承台施工前必须凿除,残余桩头应无松散层。

(7)在灌注将近结束时,应核对混凝土的灌入数量,以确定所测混凝土的灌注高度是否正确。

三、质量管理

施工中应建立健全有效的质量保证体系,对开工前与施工过程中的原材料、工序、工艺,应进行中间检查和质量控制。

开工前应检查钢筋、水泥、砂、碎石等材料的来源是否与批复的相同,是否符合设计及规范要求。施工中钢筋的拉伸、焊接等常规试验;下雨后砂、碎石的含水率试验以确定生产配合比;除按规范规定的试验频率外,还要进行随即抽样试验,特别是混凝土强度、泥浆相对密度的抽检。桩基完成后要及时清除钻渣,填平泥浆池,并组织对基桩进行如超声波、小应变等无破损检测。钻孔灌注桩实测项目要求参见《公路工程质量检验评定标准》(JTG F80/1—2017)。

四、成品保护

钻孔灌注桩浇注完成后,可在混凝土初凝后终凝前及时进行桩头掏渣,但是掏渣控制在桩顶设计高程以上 30cm 左右为准。掏渣完成后,不应再扰动桩基混凝土。

五、质量记录

原材料(钢筋、水泥、沙子、碎石、外加剂)进场试验报告;混凝土强度试验报告;桩基测量放样及复核记录;桩基钻孔记录;桩基成孔检查记录;钢筋骨架检查记录。混凝土灌注记录;桩基无破损检测报告。

六、安全、环保措施

1. 安全措施

按照现行《公路工程施工安全技术规程》(JTG F90—2015)的要求，建立健全安全责任机构，责任到人；坚持“安全第一，预防为主，综合治理”的指导思想；配备专职安全员，负责现场安全巡视和开工前安全交底。特种机械的操作人员持证上岗。

加强用电管理，所有电闸箱及机械均安装漏电保护器。

起重设备的旋转半径范围内严禁站人。

泥浆池的周围必须进行围护，防止人掉进泥浆池。

钻孔过程中注意操作人员不能靠井口太近，以防掉进孔内。中间停止钻孔时，必须提起钻头，防止埋钻，同时覆盖井口。

油库设在无村镇的安全地方，并配专职值班人员、消防安全设施。

施工现场悬挂安全标牌，设置安全标志，在主要施工部位、作业地点等处悬挂安全标语和安全警示牌，不准擅自拆除。

进入施工现场的人员必须严格遵守施工现场安全管理规定，戴安全帽，非施工人员不准进入施工现场，上级来人及参观人员进入施工现场须有安全员引导。

2. 环保措施

加强公路建设的环境保护工作，减少因公路建设而导致的环境污染，在施工过程中，严格遵守部颁技术规范、料场管理和设计说明、环境保护规定条例。

按设计要求堆放砂、石料等施工材料，运送砂、石料等流散物资车辆设置挡板，加盖彩条布，做到不丢不撒。

拌和站选择远离居民的地域设置，设置除尘设备收集粉尘，并采取措施净化空气，避免造成空气污染。

对废油、废水、废渣按指定地点存放，避免污染空气和水源，并不得任意排放到农田。

不任意破坏农田和水利建设及交通设施。

施工便道及辅道注意经常洒水，防止扬尘、污染环境。

钻孔桩的泥浆必须经过沉淀池沉淀，经检查合格后才能排放，否则应清理指定的地点进行处理。

水泥混凝土拌和站运转时，应设置防尘设备，工作人员配备必要的劳保用品。不在施工现场焚烧水泥袋、油毡、橡胶等产生有毒、有害烟尘和恶臭气体的物质。

各种临时设施及拌和站等距居民区不小于300m，并设在居民区主要风向的下风处。在居民区和靠近学校、医院等环境敏感区，噪声大的施工作业按监理工程师规定的作业时间施工。

竣工后，临时所占耕地及其他用地切实做到工完、料净、场地清。

任务 3-5　干作业法钻(挖、挤)孔灌注桩施工

【学习目标】

1. 掌握人工挖孔灌注桩施工工艺。
2. 认识全套管法灌注桩施工工艺。
3. 认识螺旋钻灌注桩施工工艺。
4. 了解沉管灌注桩施工过程。

3-5-1　挖孔灌注桩施工

一、挖孔桩适用条件

挖孔灌注桩是人工辅以简单机具设备在地基中挖掘成孔后，在孔内灌注水下混凝土或在无水条件下振捣灌注混凝土的成桩方法，且要求桩径在 1.2m 以上、深度在 20m 以内。

在无地下水或有少量地下水，且较密实的土层或风化岩层中，或无法采用机械成孔或机械成孔非常困难且水文、地质条件允许的地区，可采用人工挖孔施工。

在地质情况复杂、地下水位高、施工过程中土层能释放有毒气体、易燃易爆气体及空气污染物的土层，不得采用人工挖孔施工；岩溶地区和采空区不宜采用人工挖孔施工。

挖孔桩用于淤泥及可能发生流砂的土层时，宜先做试桩。

二、挖孔桩施工程序

挖孔灌注桩施工工艺流程如图 3-53 所示。

1. 放线定位

按设计图纸放线、定桩位。

2. 开挖土方

采取分段开挖，每段高度决定于土壁保持直立不坍状态的能力，一般以 0.8～1.0m 为一施工段。挖土由人工从上到下逐段用镐、锹进行，遇坚硬土层用锤、钎破碎。同一段内挖土次序为先中间后周边，开挖孔径在设计桩径的基础上考虑护壁厚度。

弃土装入活底吊桶或箩筐内，垂直运输时则在孔口安支架，用 10～20kN 慢速卷扬机提升。

扩底部分采取先挖桩身圆柱体，再按扩底尺寸从上到下削土修成扩底形。

3. 测量控制

桩位轴线采取在孔口护圈设十字控制网、基准点。安装提升设备时，使吊桶的钢丝绳中心与桩孔中心线一致，以作挖土时粗略控制中心线用。

4. 支设护壁模板，灌注护壁混凝土

通常在孔内采用现浇混凝土护壁、钢模板或波纹模板、喷射混凝土护壁等。模板高度取决于开挖土方施工段的高度，一般为 1m。

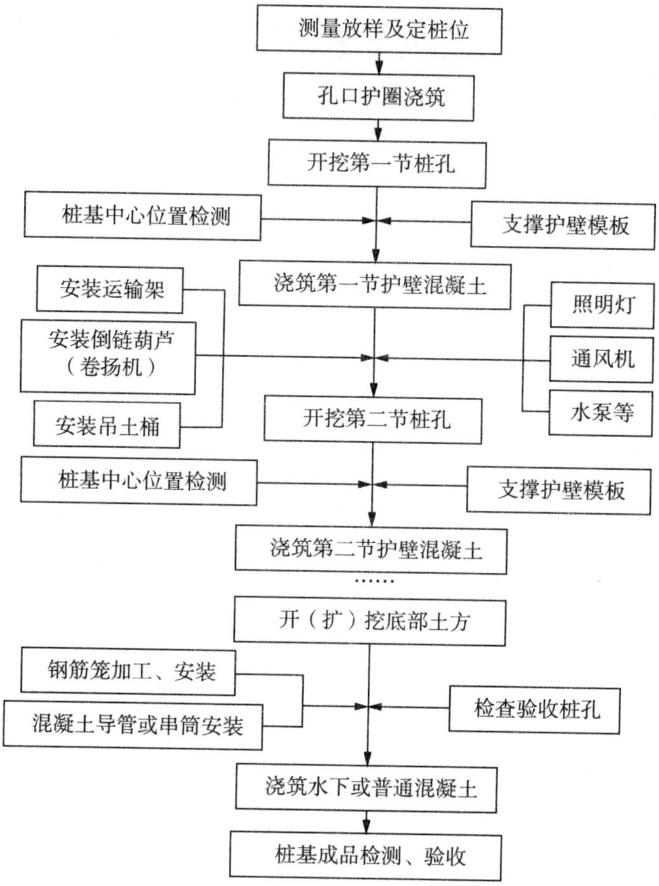

图 3－53　挖孔桩施工工艺流程

护壁混凝土要注意捣实，因它起着护壁与防水双重作用，上下护壁间搭接 50～75mm，分为外齿式和内齿式两种，如图 3－54 所示。

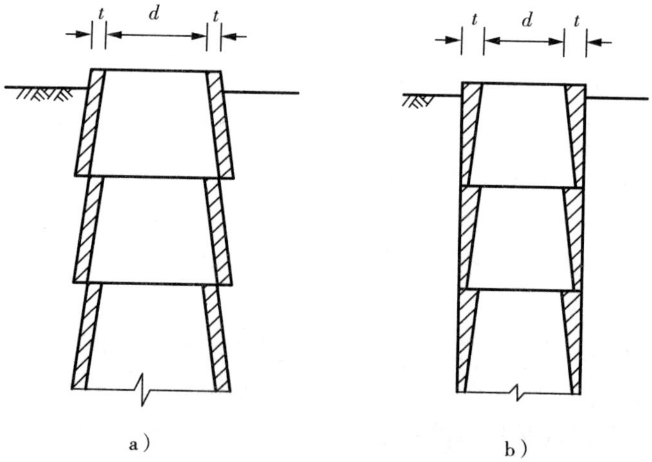

图 3－54　混凝土护壁形式

a)外齿式；b)内齿式

外齿式的优点:作为施工用的衬体,抗塌孔的作用更好;便于人工用钢钎等捣实混凝土;增大桩侧摩阻力。护壁混凝土强度采用C25或C30,厚度一般取10～15cm,加配的钢筋可采用9mm光圆钢筋。

5. 拆除模板继续下一段的施工

当护壁混凝土达到一定强度(按承受土的侧向压力计算)后便可拆除模板,一般在常温情况下约过24h后便可以拆除模板。模板拆除后,再开挖下一段土方,然后继续支模灌注护壁混凝土,如此循环,直到挖到设计要求的深度。

6. 钢筋笼沉放

根据钢筋骨架的大小选择合适的起吊设备,对于小型钢筋笼,可用带有小卷扬机的活动扒杆或汽车吊吊放入孔内就位。对直径、长度、质量大的钢筋笼,可用履带吊或大型汽车吊进行吊放。

7. 排除孔底积水,灌注桩身混凝土

在灌注混凝土前,再次测量孔内虚土厚度,超过要求应进行清理。在地下水以下施工时,应及时用吊桶将泥水吊出。如遇大量渗水,则在孔底一侧挖集水坑,用高扬程潜水泵排出桩孔外。

混凝土坍落度为8～10cm。混凝土灌注下料用串筒,深桩孔用混凝土导管。混凝土应连续分层灌注,每层灌注高度不得超过1.5m。对于直径较小的挖孔桩,距地面6m以上可利用混凝土的大坍落度(掺粉煤灰或减水剂)和下冲力使之密实;6m以内的混凝土应分层振捣密实。对于直径较大的挖孔桩应分层捣实,第一次灌注到扩底部位的顶面,随即振捣密实;再分层灌注桩身,分层捣实,直至桩顶。

三、挖孔桩技术特点

机具设备简单,施工操作方便,占用场地小;无泥浆排出;可视条件下施工,成孔质量可靠;桩侧无泥皮,桩底无沉渣;钢筋表面无污染;无水条件下灌注混凝土,成桩质量易控制。但孔内施工条件恶劣,威胁人身安全与健康。

四、挖孔桩施工技术规定

应制定专项施工技术方案;孔口处应设置高出地面不小于300mm的护圈,并设置临时排水沟;挖孔施工时相邻两桩孔不得同时开挖,宜间隔交错开挖;采用混凝土护壁的桩孔必须挖一节浇筑一节护壁;孔壁支护不得占用桩径尺寸;挖孔的弃土应及时转运,孔口四周作业范围内不得堆积弃土及其他杂物。

挖孔达到设计高程并经确认后,应将孔底的松渣、杂物清除干净。

五、挖孔桩施工安全规定

施工前应制订专项安全技术方案并应对作业人员进行安全技术交底。

桩孔内遇岩层需爆破作业时,应进行爆破的专门设计,且宜采用浅眼松动爆破法,并应严格控制炸药用量,在炮眼附近应对孔壁加强防护或支护。

孔内应设置应急软梯供人员上下井,不得使用麻绳或尼龙绳吊挂或脚踏井壁上下。起重架安装平稳、牢固，配重不小于设计的要求，未经计算及现场技术人员的许可，吊桶容量不得随意增大。使用的电动葫芦、卷扬机、吊桶等应安全可靠，并配有自动卡紧保险装置。

孔口四周必须设置围栏，高度 80cm。在施工点 5m 以外，用安全绳、木桩设置安全警戒线，严禁闲人、车辆进入安全线以内，并设立醒目的安全标志。在距离孔口 1m 以内，不得堆放杂物及施工工具。

现场无论是孔下还是孔口作业人员，必须戴安全帽，穿防滑鞋，井上作业人员必须系好安全带。孔内作业必须有可靠的联络手段，步调一致，保持紧密联系。挖至地面以下 10m 时，使用鼓风机通风，保持孔内通风，风量不少于 25L/s。

施工机具、材料、弃土等堆放在安全距离以外，并经常性地检查施工用井架、吊绳、吊桶、吊钩等作业工具，发现有扭结、变形、磨损、断丝等情况，必须立即更换。

电力干线采用非裸露电线架设，统一布置电力线路，在作业机械接口，安装漏电保护器设备，严禁带电移动机械。对备用电源设备，由专人负责管理和操作，操作人员持证上岗，严格按照安全操作规程执行。在施工间歇期，孔口用井盖安全覆盖，防止闲人、车辆等落入孔中。

保证护壁混凝土的质量和护壁厚度，保证井下作业人员的安全。

3－5－2　螺旋钻孔灌注桩施工

螺旋式钻孔机分长螺旋式钻孔机（图 3－55a）与短螺旋式钻孔机（图 3－55b）两种，主要用于干作业螺旋钻孔桩的施工。

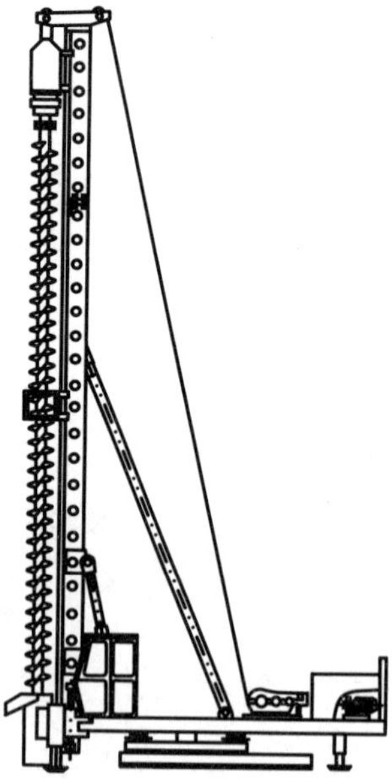

a)

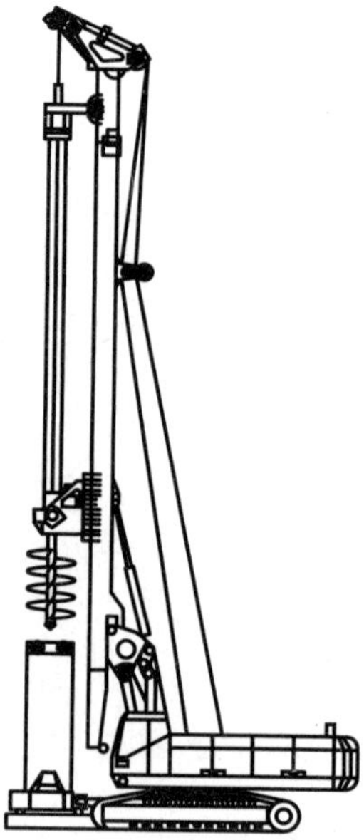

b)

图 3－55　螺旋钻机

长螺旋钻的钻杆全部被连续的螺旋叶片所覆盖，切削土层时，被切土屑或是沿叶片斜面向上滑行，或沿叶片斜面成球状向上滚动，逐渐从螺旋式钻孔机出土槽中排出。长螺旋式钻孔可以连续切土、出土，成孔相当迅速，但成孔深度有限。

短螺旋钻的钻头只有几个叶片，但螺旋叶片的直径较大，国产短螺旋钻叶片的最大直径有 1.8m。短螺旋钻正转时切土，被切土块沿着螺旋叶片上升，逐渐堆满整个钻头，形成一个“土柱”，然后提钻出孔快速反转卸土。其工作方法与前节介绍的旋挖钻机基本一样，切土、排土是断续的，但使用加长钻杆，可施工桩深大大增加。

成孔后，一般都按灌注桩的施工顺序放钢筋笼浇筑普通混凝土，由于干法作业，孔底虚渣较少，一般不需特别清孔，因不存在泥浆护壁问题，因此承载力较稳定，成桩质量易控制。同时又由于无套管和泥浆护壁，只适用于地下水位以上土层的施工。如遇地下水最好设套管护壁，否则会造成塌孔，且卸土困难。

3-5-3 全套管钻孔灌注桩施工

全套管施工法也称贝诺特法。配合这个施工工艺的设备称为全套管钻孔机，它主要是由起重机、锤式抓斗、导向口、套管、钻机等组成，如图 3-56、图 3-57 所示。

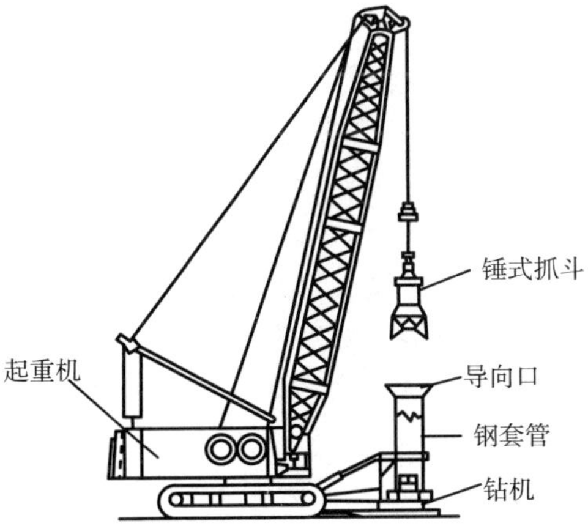

图 3-56 分体式全套管钻孔机

图 3-57 全套管钻孔机实物图

钻孔机一般均装有液压驱动的抱管、晃管、压拔管机构。套管一般可分为 2m、4m、5m、6m 等，施工时可根据桩的长度进行配套。

锤式抓斗由二、四或六个爪瓣组成，由起重机操纵自由开合，其构造如图 3-58 所示。下落时抓斗靠自重(重力为 10～20kN)冲下并使爪瓣张开插入土层，起重机提升时收拢爪瓣将土抓出，弃土后继续冲抓钻进成孔。对软质岩层仅考虑用冲抓斗挖掘难以满足进尺要求，需采用凿槽锥和筒式十字凿锤一起使用破碎岩层，然后再用冲抓斗将岩渣取出。

成孔过程是将套管边晃边压，进入土层之中，并使用锤式抓斗在套管中取土，直到套筒下到设计深度为止。

当套管达到设计标高且底部泥土被挖掘干净时，则可在套管内放入钢筋笼、导管，后边灌注混凝土边用引拔装置提升套管。每

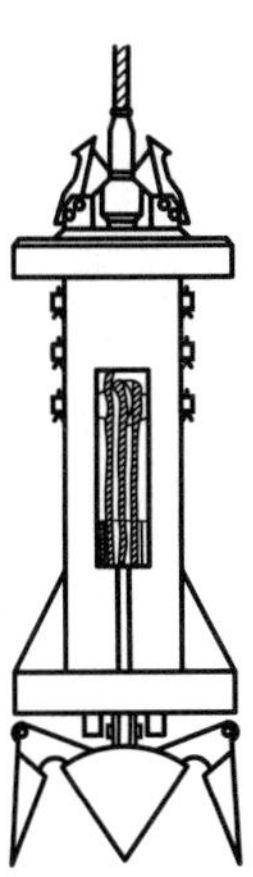
图 3-58 锤式抓斗

拔出一节套管与导管后，将其拆除，最后完成混凝土灌注，过程如图 3－59 所示。注意采用套管法施工，钢筋笼应插到孔底。

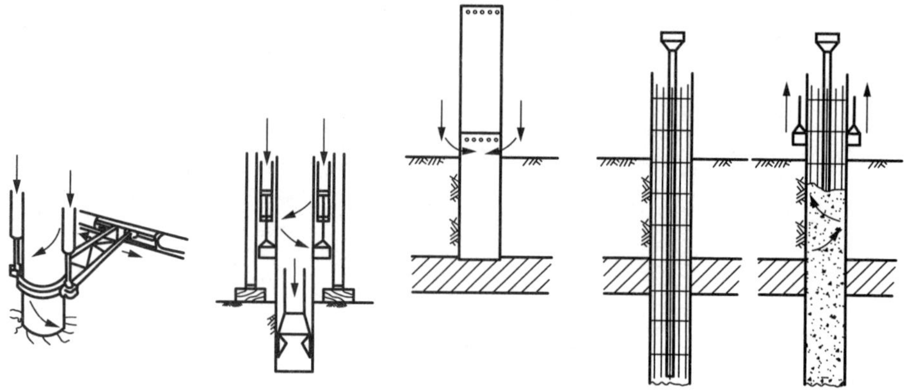

a)　　b)　　c)　　d)　　e)

图 3－59　全套管冲抓成孔工艺示意图

a)抱管将套管一面沿圆周方向往复晃动，一面压入土中；b)用冲抓锥在套管中挖土；c)接长套管；d)下放钢筋笼和导管；e)灌注水下混凝土，同时晃管、拔管，只到灌注完毕

全套管设备施工的优点：由于有套管保护，对孔壁有很好的保护作用，清孔彻底、钢筋不受泥浆污染，承载力较其他施工方法要高；在使用落锥式抓斗取料时，不采用泥浆，占地小，无处理废弃泥浆之忧，这点在城市中施工意义最为明显；全套管施工法还有一些特殊的特点，例如可以做斜桩。

全套管施工也有一些缺点：设备本身的体积、重量很大，设备价格昂贵，施工和运输移动对场地有一定的要求；由于下套管时的摆动将使周围地基松软，在软土地基、特别是含地下水的砂层中挖掘时会引起设备本身的移位、歪斜、影响继续成孔；灌注混凝土拔钢套管的过程中，可能发生钢筋笼上浮的事故，严重时导致灌注失败。

3－5－4　沉管灌注桩的施工

沉管灌注桩是将底部套有桩尖(靴)的钢管，用锤击或振动方法挤土下沉至要求的入土深度后，在钢管内安放钢筋笼后灌注混凝土，最后拔出钢管而形成沉管灌注桩。

桩尖有预制钢筋混凝土桩靴(图 3－60a)或装有活瓣桩尖(沉管时桩尖闭合，拔管时活瓣张开)(图 3－60b)两种。预制钢筋混凝土桩尖穿透土层能力强，桩管内不易渗入水和泥浆，但每根桩需耗用一个预制钢筋混凝土桩尖。活瓣式桩尖制作必须坚固、耐用，接缝要严密，否则易渗入水和泥浆。普遍认为预制钢筋混凝土桩尖使用比较方便。

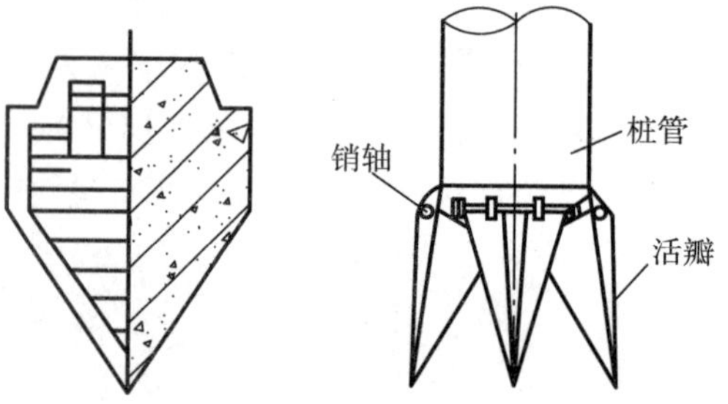

a)　　b)

图 3－60　沉管灌注桩桩尖构造

a)预制钢筋混凝土桩尖；b)活瓣桩尖

根据沉管所使用的机械和方法不

同，将其分为锤击沉管灌注桩、振动沉管灌注桩和夯压成型沉管灌注桩三种，三种方法施工程序基本一致：置放桩尖，钢管就位→沉管→放钢筋笼→灌注混凝土→拔出钢管→桩制成，如图 3 - 61 所示。

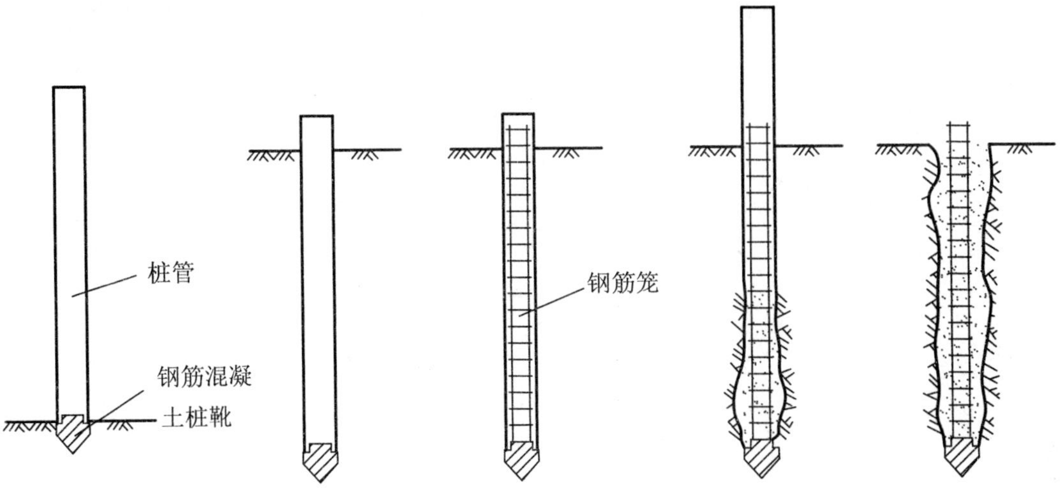

图 3 - 61　沉管灌注桩施工程序

沉管灌注桩的施工要求：

(1)沉管至设计高程后，应立即灌注混凝土，尽量减少间隔时间。灌注混凝土之前，必须检查桩管内有无进泥、进水的现象。

(2)拔管速度应均匀平衡，对一般土层以 1.0m/min 为宜，在软弱土层及软硬土层交界处应控制在 0.3～0.8m/min 以内。

(3)每根桩施工的全过程，都应在混凝土初凝前完成。成桩后的桩身混凝土顶面高程应不低于设计高程 500mm。

(4)混凝土的充盈系数(实际灌注混凝土数量与理论计算需要灌注的混凝土数量之比)应设专人负责计算。当充盈系数小于 1.0 时，应立即采取措施进行补救，如采用全长复打等。

沉管灌注桩是一种施工快速、经济效益高的桩型，由于是在钢管内无水的环境中沉放钢筋笼和浇灌混凝土的，使得桩身混凝土的质量得到充分的保障。由于采用了套管，可以避免钻孔灌注桩施工中可能产生的流砂、坍孔的危害和由泥浆护壁所带来的污染。但桩的直径较小，常用的尺寸在 0.3～0.7m 以下，桩长常在 15～24m。

但应注意的是，沉管灌注桩是工程事故频率较高的桩型之一。在软黏土中，由于沉管对邻桩有挤压作用，可能使混凝土尚未初凝的邻桩被剪断，且挤压时产生的孔隙水压力易使拔管时出现混凝土桩缩颈现象。施工时必须经过试桩，制订防止缩颈、断桩等措施，确保工程质量。

【学习实践】

详细描述就地钻孔灌注桩施工的过程，找出关键工序，并提出该关键工序的质量控制要点。

【实践过程】

【学习心得】

通过本任务的学习，我的体会有……………………………………………………………

……………………………………………………………………………………………

……………………………………………………………………………………………

……………………………………………………………………………………………

……………………………………………………………………………………………

……………………………………………………………………………………………

……………………………………………………………………………………………

……………………………………………………………………………………………

……………………………………………………………………………………………

……………………………………………………………………………………………。

任务3－6　预制沉桩基础施工

【学习目标】

通过本任务的学习，要求学生熟悉以下内容：

1. 熟悉钢筋混凝土桩制桩方法。
2. 认识常见的沉桩设备。
3. 掌握预制桩沉桩工艺流程及注意事项。

【学习内容】

预制沉桩是将各种预制桩(混凝土桩、钢桩)通过专用的沉桩设备沉入地层达到设计高程。其下沉方法分为：锤击(打入)法、振动法、静力压桩法等。

预制桩由预制厂预制，故桩基础的质量可靠；施工方法简单，施工进展快，施工质量的可靠性大；造价比就地钻孔灌注桩低；多数情况下施工的噪声、振动对环境影响大；因受制造、运输、施工条件等限制，使得预制桩的桩径和桩长比就地灌注桩小，也正是这一主要不足之处使其不能适应现代桥梁基础大桩径和长桩的要求。

3－6－1　桩的制作

用以制作桩的原材料应符合设计和《公路桥涵施工技术规范》(JTG/T F50—2011)的规定。外购或自行制作的成品桩，均应有出厂合格证明、质量检验等资料。

一、钢筋混凝土方桩制作

制桩场地应考虑吊运设备的安装、拆卸和运输便道的布置，并根据地基及气候条件做好排水设施，以防场地浸水沉陷，使桩变形。地基应整平夯实，其上面铺压一层砾料，再铺以5cm厚贫混凝土，压平抹光，作为制桩底模。在每桩范围内高差不得超过5cm。

工地预制的钢筋混凝土方桩的侧模板可采用4mm厚钢板制作。钢模具有坚固耐用、周转次数多、整体刚性强、不易变形、拆装简便、节省劳力、接缝严密、不易漏浆等优点。

为了节约场地面积和便于蒸汽养护，可采用横向成排支模，以间隔法浇筑制桩(图3－62)。间隔浇筑法是每隔一桩位浇筑另一批桩的混凝土，待强度达到设计强度的30%以后拆除其侧模。第二批桩利用已浇桩作为侧模，并在已浇桩表面铺贴油毡或塑料布等隔离层，待二批桩浇筑的混凝土强度达到设计要求的强度后，才可起吊移位。

二、预应力混凝土桩制作

预应力钢筋混凝土方桩可分为实心方桩和空心方桩两种，一般采用工厂预制。空心方桩的内模可采用充气胶囊、钢管、钢丝网管、硬橡胶管或活动木芯模等，需严格控制内模的位置，不使其偏位。其中以充气胶囊为最常用，充气胶囊内的气压宜采用0.03～0.05MPa，

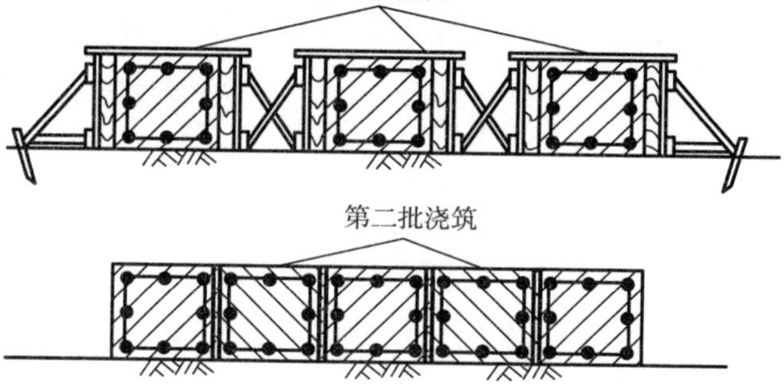

图 3－62　间隔浇筑支模

应能保证预留空心的设计形状和尺寸，从开始浇筑混凝土到胶囊放气时止，其气压应保持稳定。用离心成型法制作空心方桩是一种新工艺。预应力钢筋混凝土空心方桩，一般截面尺寸较大，但长度较长，陆上运输较困难，采用水上运输、船上打桩较方便。

方桩桩身预应力一般是采用长线台座先张法施工，张拉力达到 100％设计张拉力时，方能浇筑混凝土。尽量减小钢筋张拉与混凝土浇筑两工序间的温差，避免浇筑混凝土时由于气温升高导致预应力损失，或由于气温降低使钢筋发生冷断事故。采用胶囊芯模时，应采取有效措施，防止浇筑混凝土时气囊上浮及偏心。

小直径预应力管桩一般用先张法施加预应力，由工厂用离心旋转法定型生产，制作应符合现行国家标准《先张法预应力混凝土管桩》(GB 13476—2009)的规定。

按其混凝土强度等级分为预应力混凝土管桩(代号 PC)和预应力高强混凝土管桩(代号 PHC)。PC 桩混凝土强度等级不得低于 C50(有的地方或企业规定不低于 C60)；PHC 桩混凝土强度等级不得低于 C80。

大直径预应力混凝土管桩一般用后张法施加预应力，制作应符合现行行业标准《港口工程桩基规范》(JTJ 254—1998)的规定。用于水上沉设的大直径管桩宜在预制场内按设计桩长拼接成整根长桩。

三、钢管桩制作

钢管桩按制作方法可分为无缝钢管桩和焊接钢管桩。无缝钢管桩由于造价较高而较少采用，焊接钢管桩相对于无缝钢管桩价格较便宜，生产工艺相对较简单，直径和壁厚可任意选用，因此，在钢桩中是用得最多的一种。

焊接钢管桩是由钢板卷成圆筒形焊接而成，按成形方法可分为直缝管和螺旋管两种，均在专业工厂成批生产，对量少、规格又特殊的工程，也可在工地上自行卷制。

3－6－2　桩的吊运、存放和运输

一、钢筋混凝土桩和预应力混凝土桩的吊运、存放和运输

非预应力桩的混凝土强度符合设计规定时方可起吊，进行厂(场)内运输；达到设计强

度等级时方可进行厂(场)外运输。运输时固定牢靠,以防在运输中滑动或倾倒,吊点及支垫应按设计要求设置,如图 3－63 所示。

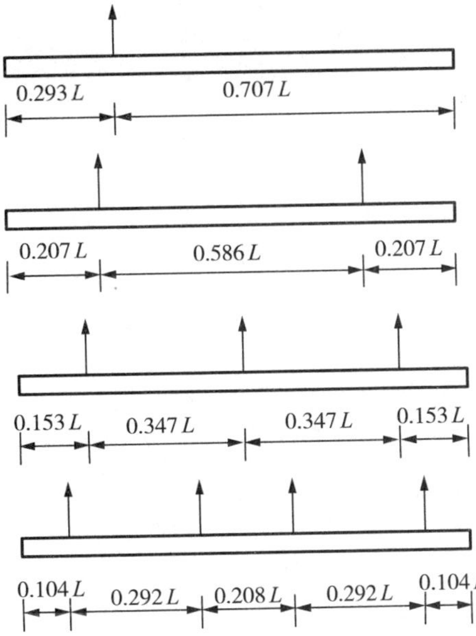

图 3－63　吊点布置

预应力方桩达到放松强度后即可起吊,进行厂(场)内水平吊运。起吊时应使各吊点同时受力,轻吊轻放,避免碰撞。桩长小于或等于 22m 时采用两点吊;桩长 22～60m 时采用四点吊;桩长大于 60m 应专门设计吊点位置,一般可采用六点吊。吊点位置偏差不宜超过设计位置左右 20mm。

先张法预应力混凝土管桩的运输与预应力混凝土方桩基本相同。工地吊运管桩时,吊扣必须采用捆扣,注意防滑。管桩厂(场)外运输应采取可靠的防滚、防滑和防损措施。

二、钢管桩的吊运、存放和运输

吊运时吊点的位置应符合设计规定。

钢管桩在吊运、存放和运输过程中,应采取适当措施,防此对其产生碰撞或摩擦而导致防腐涂料破损、管身变形和其他损伤。

3－6－3　试桩

除一般的中、小桥沉桩工程,其地质不复杂并有可靠的数据和实践经验可不进行试桩外,其他沉桩工程均应在施工前进行工艺试桩和承载力试桩,确定沉桩的施工工艺、技术参数和检验桩的承载力。

试桩的数量不宜少于 2 根,且附近应有钻探资料;试桩的规格应与工程桩一致,所用桩机应与正式施工时相同。试桩试验办法见《公路桥涵施工技术规范》(JTG/T F50—2011)附录 E。

特大桥和地质复杂的大、中桥,宜采用静压试验方法确定单桩容许承载力;一般大、中桥试桩，可采用静载试验法，在条件适宜时，亦可采用可靠的动力检测法；锤击沉入的中、小桥试桩，在缺乏上述试验条件时，可结合具体情况，选用适当的动力公式计算单桩容许承载力。当确定的单桩容许承载力不能满足设计要求时，应会同监理和设计单位研究处理。

3-6-4 沉桩施工

预制桩的沉桩施工根据不同的水文、地质条件以及桩的材料、桩径和桩长有不同的方法，但其总的施工工艺如图 3-64 所示。

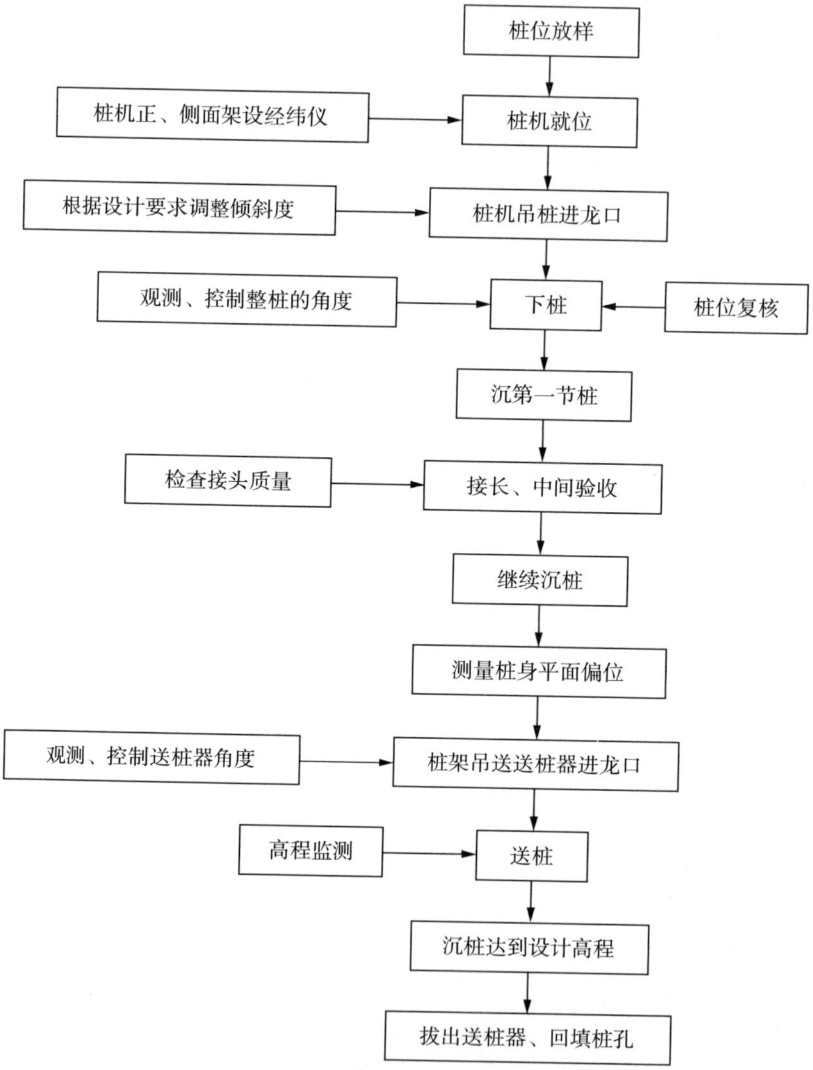

图 3-64 预制沉桩施工工艺流程图

一、桩位放样

由经监理工程师确认的导线点放出控制桩，对放出的控制桩位用水泥砂浆加以固定，以便在以后施工过程中校核使用。

精确测放出中桩及控制桩的桩位，用木桩做好标记，然后根据管桩施工平面布置图用钢卷尺逐桩测放桩位，确定桩位中心，再以桩位中心为圆心，以管桩桩身半径划出桩位的圆周，桩中心插小竹片桩，圆周撒白灰线标记。测放的桩位经测量监理复测无误后方可进行沉桩。

二、桩及桩机就位

确保设备正常运转后移动设备就位，桩机就位时应对准桩位中心，将机身调平，使用水平尺检测桩架的垂直度、夹桩器的水平度，使工作平台处于水平状态。

利用桩机自带的起重机吊桩。在桩离地过程中，要人工用绳套拉住桩下端，以防止将堆区中的桩撞裂、碰损。小心移桩入桩架的龙口中间，桩尖下放到离地面 10cm 高度处，再利用桩架挺杆和夹桩器将管桩固定，同时利用经纬仪从两个正交方向调整桩的垂直度。

三、沉桩方法及设备

1. 锤击(打入)沉桩法

锤击沉桩法是靠桩锤的冲击能量将桩打入土中，因此桩径不能太大(在一般土质中桩径不大于 0.6m)，桩的入土深度也不宜太深(在一般土质中不超过 40m)，否则对打桩设备要求较高，打桩效率很差。

锤击沉桩法一般适用于松散、中密砂土、黏性土。常用的设备是桩锤和桩架。此外，还有射水装置、桩帽和送桩等辅助设备。

1)桩锤

常用的桩锤有自由落锤、柴油锤、气动锤、液压锤等。

(1)自由落锤

自由落锤是最简单的桩锤，是由铸铁或其他材料做成的锥形或柱形重块，重为 2～20kN，用绳索或钢丝绳通过吊钩由人力或卷扬机沿桩架导杆提升 1～2m，然后锤自由落下锤击桩顶。此法打桩效率低，但设备较简单，适用于小型工程中打木桩或小直径的筋混凝土预制桩。

(2)气动锤

气动锤是利用饱和蒸汽或压缩空气作为动力的冲击式打桩机械，据其冲击体的不同可分为气缸体冲击式与活塞冲击式。按其动作方式分为单作用和双作用两种结构形式。

单作用式气动锤是在冲击体上升时耗用动力，下降时依靠冲击体本身的自重呈自由落体冲击桩头使其沉入。

双作用气动锤的活塞不论上升或下降冲击均由气体推动。与单作用式气动锤相比，双作用气动锤在冲击体下降时除冲击体重力外还受到气体压力的强制推动，增加了冲击能量。

气动锤需要配备大型锅炉或空压机，机动性差，目前较少使用。

(3)柴油锤

柴油锤是各种冲击式打桩机中应用最为广泛的一种，由于冲击能量大、体积小、使用方便，逐渐取代了气动锤与自落坠锤。

柴油锤的本质是一种构造简单的二冲程柴油机，依靠柴油爆发燃烧的热能使汽缸体或活塞向上运动获得势能，当运动体下落时打击被打物体(桩)同时爆发冲击以达到打桩的目的。按照冲击体(缸体或活塞)的不同分为导杆式柴油锤和筒式柴油锤。

柴油锤排出的油污废气污染四周的环境，锤击噪声、振动和挤土也较大，使用上受到一定的限制，特别是在人口密集地区。

(4)液压锤

液压锤是以压力油为动力的冲击式打桩锤。按其结构和工作原理可分为单作用式和双作用式两种。单作用式是通过液压油把冲击块提升到一定的高度后快速释放，冲击体以自由落体运动的方式冲击桩头；双作用式按照作用的介质又可分为油压双作用式和气压双作用式两种，油压双作用式液压锤是冲击块通过液压油提升到一定的高度后，由液压系统控制，液压油改变方向，推动冲击块以更高的加速度冲击桩头；这时冲击能除冲击块的重力外，还有压力油的强大推力，因此，双作用式液压锤的冲击能量要比单作用式液压锤的冲击能大、打桩工作效率更高。

液压锤克服了柴油锤的废气污染问题，是一种比较好的替代设备，它可以在陆上和水中使用，但目前基本上用于打直桩，由于一些具体的技术问题，对斜桩施工的适用性较差。

2)桩架

桩架用来起吊各种锤、桩和料斗等施工机具，并为桩锤提供导向，是锤击沉桩施工中必不可少的组成部分。

桩架通常分为四大类：履带式、轨道式、步履式和滚管式。随着施工技术与施工设备的发展，目前对大型桩基施工，履带式桩架(图 3-65)已占绝对优势。步履式桩架与滚管式桩架主要用于各类中小型桩的施工，而轨道式桩架由于移位不方便，正逐渐被履带式桩架所取代。

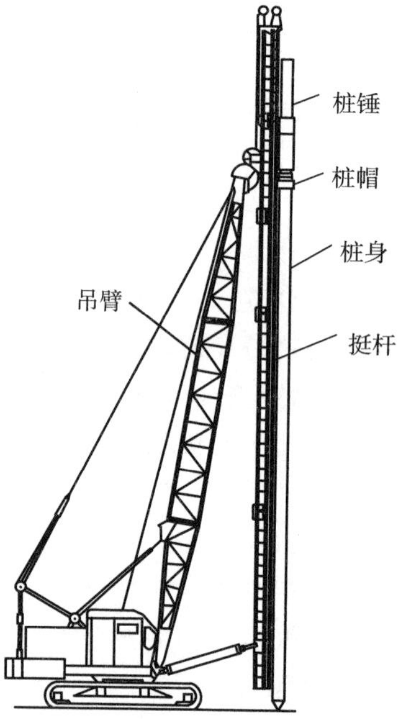

图 3-65　履带式打桩架结构示意图

3)射水装置

在锤击沉桩过程中，若下沉遇到困难，可用射水方法助沉，因为利用高压水流通过射水管冲刷桩尖或桩侧的土，可减小桩的下沉阻力，从而提高桩的下沉效率。

对于钢管桩、混凝土管桩(PHC 桩、预应力大管桩等)锤击沉桩有困难时，可采取内冲内排水锤击沉桩或桩中取土锤击沉桩。

4)桩帽与送桩器

桩帽是用以将锤击能量均匀地传递到桩顶的钢结构物，俗称“替打”。它除了有导向作用外，还应把桩锤的锤击能量转变成有利于沉桩的应力波传递给桩。普通桩帽设置在锤与桩顶之间，一般用钢板焊接或用铸钢浇筑成壳体，壳体的上部设置锤垫以承受锤的冲击力，对桩锤、桩帽起保护作用；下部放置桩垫，在将冲击力传递给桩时，对桩顶起保护作用，如图 3－66 所示。

当桩顶位于水下或地面以下，或打桩机位置较高时，可用一定长度的送桩器套连在桩顶上，上端替代桩顶承受锤击力，就可使桩顶沉到设计高程，如图 3－67 所示。

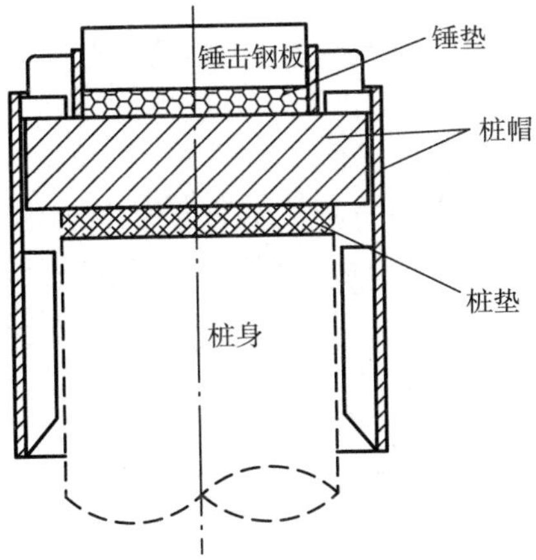

图 3－66　桩帽结构示意图

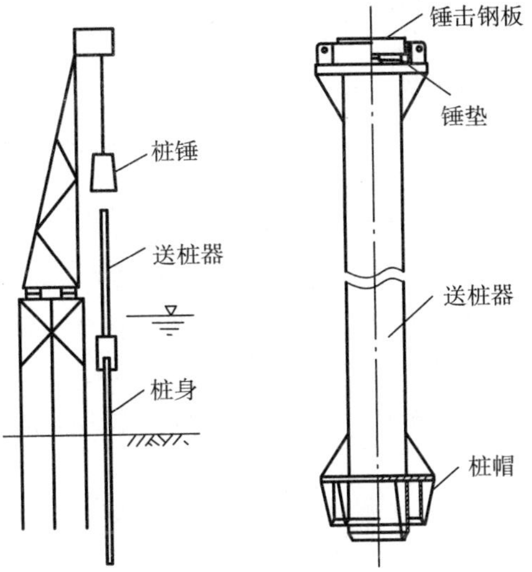

图 3－67　送桩器构造示意图

锤垫是装在桩帽与锤击钢板之间的被锤击材料，主要作用是缓冲锤冲击力，起着保护锤、桩帽的作用。目前应用于打桩过程中的常见锤垫有：高分子材料锤垫、硬质木材锤垫、铝质锤垫、石棉与薄钢板组锤垫和钢丝绳锤垫。

对混凝土桩来说，桩帽的下盆口与桩顶接触的部位必须放置桩垫，以免桩帽的锤击力直接传递给桩顶而将混凝土桩顶打坏。材料一般为纸板箱、松木（横纹）、层合板、棕绳等。桩垫厚度应根据地质条件、材质、锤击能量等来选定。桩垫容易被打坏，应经常检查，及时更换。

5）锤击沉桩

沉桩之前应在桩的侧面画上标尺，称为划桩，以便了解沉桩过程中的贯入量、做沉桩记录。沉桩过程中，用 2 台经纬仪在互成 90°的 2 个方向对桩的垂直度进行观测，1 台水准仪观测桩的贯入量和高程。

吊桩进龙口时，桩尖不得着地；桩顶进入桩帽后，锤缓慢放下，但不得将全部质量压在桩上，只有在桩尖入土位置正确、桩身垂直以后，才能逐渐将锤压到桩顶。

沉桩时应采用桩与锤相适应的桩帽和弹性桩垫，桩锤、桩帽和桩身应控制在同一轴线上，桩的垂直度应符合规范规定。

开始锤击时能量要小，观察桩的下沉情况，确认贯入度正常后，再将能量提高到正常值。

打桩顺序合理与否，会直接影响打桩速度、打桩质量及周围环境。当桩距小于 4 倍桩的边长或桩径时，打桩顺序尤为重要。为了避免或减轻打桩时由于土体挤压，使后打入的桩打入困难或先打入的桩被推挤移动，根据桩群的密集程度、土质情况和周围环境，可选用下列打桩顺序：由一侧向单一方向进行；自中间向两个方向对称进行；自中间向四周进行。

此外，根据桩及基础的设计高程，打桩宜先深后浅；根据桩的规格，则宜先大后小，先长后短；斜坡地带，应先沉坡顶的，后沉坡脚的。这样可避免后施工的桩对先施工的桩产生挤压而发生桩位偏斜。

6)接桩

预制桩的接头连接方法常用的有三种：焊接法、螺栓连接法和浆锚法。

焊接法接桩适用于各类土层，形式主要有：角钢绑焊接头、顶钢板对焊接头或两者结合。

浆锚法接头常用硫黄胶泥锚固接头，适用于软弱土层。

螺栓连接接头一般采用法兰盘接头，上下节桩之间宜用石棉或沥青纸等材料衬垫，如法兰有不密贴处，应用薄钢片塞紧。法兰螺栓应逐个拧紧，并加设弹簧垫圈或加焊，防止锤击时螺栓松动。

实际锤击沉桩工程中，采用焊接法接桩较多。

7)停锤控制

沉桩时，以控制桩尖设计标高为主。当桩尖已达设计标高，而贯入度仍较大时，应继续锤击，使贯入度接近控制贯入度。

贯入度已达到控制贯入度，而桩端标高未达到设计标高时，应续锤击 100mm 左右(或锤击 30～50 击)，如无异常变化时，即可停锤。若桩尖标高比设计标高高得多时，应与设计单位和监理研究确定。

此外，在实际工作中，有时也会碰到一些意外情况。如虽然贯入度已很小，但桩顶的超高却很多，或虽然桩顶已打到设计高程，甚至在设计高程以下，但贯入度却仍然很大等情况，使得施工单位对停锤标准不好掌握。因此，对施工单位来说，应事先对可能出现的各种情况有充分的估计，并在打桩前向设计、业主等单位提出，便于各方事先考虑好解决此类问题的相应方法和措施。

打桩过程中，应做好沉桩记录，以便工程验收。

2. 振动沉桩法

振动沉桩法是用振动打桩机(振动桩锤)(图 3-68)将桩打入土中的施工方法，它广泛应用于各类钢桩和混凝土预制桩的沉拔作业。其原理是利用振动桩锤强迫桩体产生的高频振动，当桩的振动与土体颗粒的频率接近时，土体颗粒产生共振，使桩身周围的土体产生液化，迅速破坏桩和土体间的黏结力，减小了沉桩的阻力，这样桩在自重及较小的附加力下便可顺利沉入土中。

振动沉桩法一般适用于砂土、硬塑及软塑的黏性土和中密及较软的碎石土，在砂性土中最为有效，而在较硬地基中则难以沉入。

图 3-68　振动桩锤实物图

振动沉拔桩锤有如下特点:贯入力强,沉桩质量好;不仅可以用于沉桩,还适合用于拔桩;使用方便,施工速度快,成本低;结构简单,维修保养方便;与柴油打桩相比,噪声低,无大气污染。

振动沉桩施工要点及注意事项:

(1)振动时间的控制。每次振动时间应根据土质情况及振动机能力大小,通过实地试验决定,一般不宜超过10~15min。振动时间过短,则对土的结构尚未彻底破坏;振动时间过长,则振动机的部分零件易于磨损。在有射水配合的情况下,振动持续时间可以减短。

(2)振动沉桩停振控制标准。振动沉桩应以通过试桩验证的桩尖高程控制为主,以最终贯入度或可靠的振动承载力公式计算的承载力作为校核。如果桩尖已达高程而最终贯入度或计算承载力相差较大时,应查明原因,报有关部门研究后另行确定。

3. 静力压桩法

压桩是以静压力将预制的桩压入土中的一种沉桩施工方法。随着城市环保要求的提高以及压桩机械的发展,压桩施工已经得到了广泛的应用,公称压力12000kN的液压压桩机也已面世,工程领域涉及水上和陆上诸多建筑物,取得了良好的效果。

静力压桩机有机械式和液压式之分,目前使用最多的是液压式压桩机,这种压桩机也是以桩架自重和配重为反力,但压桩力是通过液压传动进行的,在自动化程度高的液压压桩机上,其行走、转向、升降、夹桩、压桩、移位等工作全部由液压传动来完成,非常方便。这种桩机分为顶压式(图3-69a)和抱压式(图3-69b)两种形式,顶压的压桩力设置于桩顶,抱压是采用液压夹具抱夹于桩身某一处所,通过循环往复的过程以及油缸的往复运动,将桩不断压入土中,这样既可以减少桩架的高度,又能够有效地缩小桩身压杆长度,对施压稳定十分有利。

a)

b)

图3-69　液压静压桩机

静力压桩比较适宜于在较均质的软黏土地基上施工,并且要特别注意与压桩设备、压桩能力的匹配。含有较厚夹砂层或其他较坚硬土层时，应慎重考虑，必要时要通过试验。

压桩以控制桩的设计高程为主，以估计的压桩阻力为辅的终压条件。

静力压桩法的施工特点为：施工时产生的噪声和振动较小；桩头不易损坏；桩在贯入时相当于给桩做静载试验，故可准确知道桩的承载力；压入法不仅可用于竖直桩，而且也可用于斜桩。

【学习实践】

1. 静压桩施工特点？
2. 用于锤击沉桩的设备有哪些？

【实践过程】

【学习心得】

通过本任务的学习，我的体会有……………………………………………………

…………………………………………………………………………………………

…………………………………………………………………………………………

…………………………………………………………………………………………

…………………………………………………………………………………………

…………………………………………………………………………………………

…………………………………………………………………………………………

…………………………………………………………………………………………

…………………………………………………………………………………………

…………………………………………………………………………………………。

任务3－7　钻孔埋置空心桩施工

【学习目标】

通过本任务的学习，要求学生熟悉以下内容：

1. 熟悉钢筋混凝管节预制方法。
2. 掌握施工工艺过程。

【学习内容】

钻埋预应力混凝土空心桩是预制桩与钻孔灌注桩两者相结合的新型基础结构，是在已完成的钻孔内埋入质量有保证的预制桩，其基本工艺为先施钻孔，清孔后在孔内抛填一定厚度的碎石并放置压浆管，然后在孔内埋入预制的预应力钢筋混凝土桩管，再在孔壁与桩管之间的空隙内埋压浆管。抛碎石后，先压桩侧水泥浆，再压桩尖水泥浆。

3－7－1　管节的预制

预应力混凝土空心桩桩节的预制有卧式预制与立式预制两种方法，因前者整体精度难以保证，故通常采用后一种方法。

一、预制场地的选择

预制场地需根据实际情况选择。一般情况下，预制场地多选在桥位近，以减少预制桩节的运输距离，提高工作效率。预制场地要求平整，地面要压实，以防止沉陷。同时，预制场要设排水系统，主要用来排出雨水和预制桩节的养生用水，以确保预制场内无积水，保持预制场的稳定。

二、模板的制作

模板一般采用钢模板，用钢板整体加工制作而成，以确保表面平整和预应力孔道预留位置准确。模板各部分之间都用螺栓夹橡皮连接。

空心管节底节的构造和其余各管节不同，它是带底板的，且在底板上留有压浆管孔。空心管在下沉过程中由于底板要承受很大的浮力，底板在制作时必须加设钢板和斜撑对其进行加强，如图3－70所示。

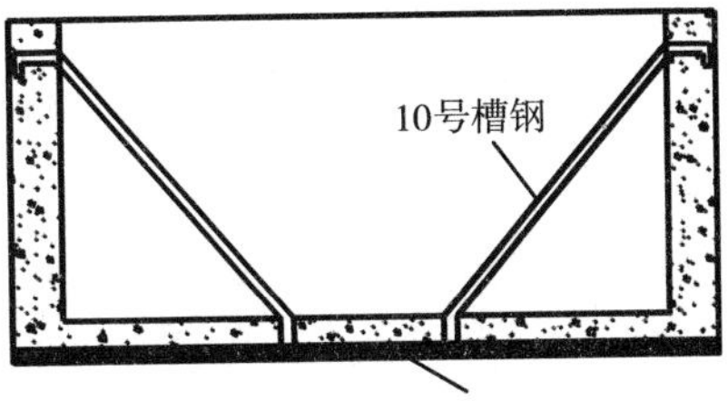

图3－70　底板结构图

三、桩节预制

管节的制作可在工厂采用离心式浇筑或立式振捣浇筑，亦可在施工工地现场预制，其管节构造见图 3－71，圆环中心轴线均匀预留预应力钢筋孔道，桩节的上端预留张拉螺母及套筒的位置，管节内外设置双层构造筋及螺旋筋。

为保证管节外侧与压浆混凝土之间有效结合，在混凝土浇筑前应在外模上涂刷混凝土表面缓凝剂，待混凝土达到强度拆模后用水冲洗混凝土表面使之留下一层粗糙的集料层。

在每节桩的顶层涂一层不掺固化剂的环氧树脂胶作为隔离层，这样可免除许多桩节顶部修补工作。在拼接下沉时，用环氧树脂作为黏结剂，由于两者之间的亲和性为管节接头的止水打下良好的基础。

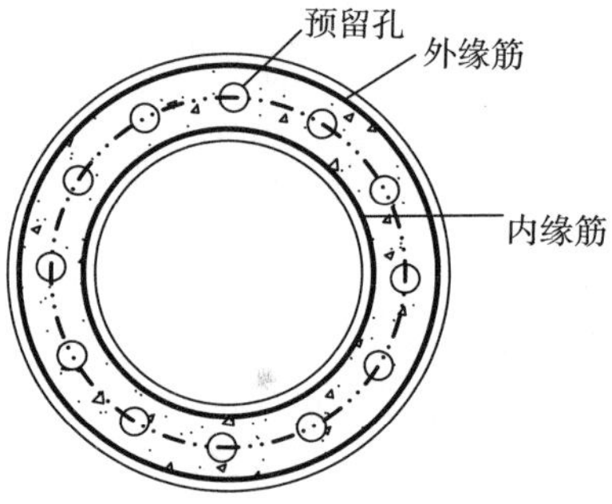

图 3－71　桩节构造示意图

3－7－2　成桩工艺

一、成孔、清孔、桩底抛石

成孔可分为钻孔、冲孔、挖孔等成孔工艺。钻孔时，可根据设计要求大钻机一次成孔或分级扩孔。成孔后需清孔，并根据土层情况及钻孔时护壁泥浆使用情况采取相应措施（如注入新鲜含碱泥浆），以防止施工过程中桩底沉渣过多。

注浆管的埋设。注浆管一般采用 $\phi50$ 的钢管，管两端加工成螺纹，外面再用带内螺纹的套管相连接，接长后放入孔底。注浆管一般 4 根，可兼做预制管节定位用。当测量孔底沉淀厚度超过 5cm 时，应立即利用注浆泵通过注浆管压入泥浆来冲散沉淀物，检验合格后进行抛石。

桩底抛石厚度按 0.25～0.3 倍直径计算，孔底抛石材料要求石质坚硬、无风化、洗净的 2～4cm 碎（砾）石，对粒径 2cm 以下的碎（砾）石都要筛除，以免阻碍水泥浆渗透。

二、底节沉放

钻埋预应力混凝土空心管节的底节是封闭的，所以桩壳本身所产生的浮力大于预制空心管节的自重，因此还要在桩芯内灌水才能使其下沉，这样就不需要庞大的起重设备来吊装已拼好的桩身。

沉放底节管节时，首先将底节用夹箍夹紧，吊运至支承托架上（或固定门架上），然后在底节预埋钢板上焊接桩底压浆管。

将管节上端面涂刷一层 2～3mm 厚环氧树脂水泥砂浆，以便与上节管节的底面相黏结。在底节上端装好预应力钢筋的连接器后，逐步下放吊点，使底节慢放至一定位置。

三、管节拼接

用简易门吊将中节吊运至拼接位置，将上节下端面烘干处理干净后，首先用丙酮清洗，涂刷环氧树脂胶砂；然后将锥形螺纹连接筋穿入预留孔道内，并与底节上的连接器连成整体。接着解除底节上的锚固，拆掉底节夹箍，慢慢放下中节吊点，让管节沉入孔内一定深度，但顶面露出水面须大于0.5m，防止水进入内腔。再将第二节管节夹箍锚固在施工平台或简易门吊上，如此循环，直到所有中节拼接完毕。

管节拼接到一定长度后，当浮力大于管节自重时，应向管节内腔适当灌水，使其下沉到便于拼接的位置。

与中节一样，只有在顶节拼接完毕后，才能将预应力钢筋都锚固在顶上端面上。合格后，再用木楔调整导向架与桩壳之间的间隙。最后用抽水机注水加压落床定位（注意防渗漏），拆除顶节夹箍，清理场地及施工器具。

四、浇筑隔离层

管节拼接到底并对中定位后，在桩的四周抛投0.5～1m厚的细砂和细碎石，然后浇筑50～100cm左右厚的隔离层混凝土。其目的是要把桩周与桩底隔开，防止桩周压浆时水泥浆渗入桩底。

五、桩周设置压浆管

桩周压浆管可根据桩径的大小确定根数，分层均匀分布在桩身的四周。压浆管径的大小可根据压浆机的排量和压力来定，一般用ϕ50mm钢管。压浆管底端以上1m内的管四周要均匀钻若干排浆孔（孔径为5～8mm）形成筛孔，而压浆管底却要封堵，使回填碎石不能进入压浆管内，但水泥浆却可通过筛孔，向填石周围扩散。

六、桩周抛石

压浆管设置定位后，接着在桩周15～20cm空隙内均匀地抛下粒径大于4cm的碎石，直至护筒内桩顶设计标高。抛石工作要昼夜连续作业，以免空心桩出现意外。抛石后空心桩已稳定不会塌孔，其桩侧压浆工作则可推迟在以后一段时间中进行。

3－7－3　桩侧压浆

空心桩身周边填石后要通过压注水泥浆形成填石压浆混凝土，将周边土体与预制桩身紧紧地黏结起来形成桩侧摩阻力。

先从两根压浆管中压入清水，冲洗孔内泥浆，直到从另外两根压浆管流出清水为止。

桩周清孔符合要求后，由压浆机将按一定比例配制的水泥浆通过压浆管压入桩侧填石空隙中。有条件时应用两台压浆机、4个管道同时压注水泥浆。在压浆过程中可采用类似水下混凝土浇筑的方法，将4根管道交替压浆和抽拔直至排浆管孔口流出纯水泥浆为止。

一般每立方米水泥浆中水泥用量为500～600kg。水泥宜用微膨胀水泥，没有时也可掺用膨胀剂。

3－7－4　桩端压浆

桩端压浆是提高空心桩承载力的最关键工艺。当桩侧压浆混凝土龄期30d以后，便可进行桩端二次压浆，通过高压下水泥浆的扩散，将桩端土层形成大蒜头形状的固化区，使桩端土层得到加固，从而使桩端的承载力大大提高。在进行桩端第二次压浆中，通常桩侧也会有水泥浆上冒，这样就将桩侧原来存在不密实的地方再次进行补浆，可进一步提高桩侧摩阻力。事实上，桩端压浆的反力作用使桩身上抬，相当于在桩端施加了反方向的力，减小了桩的绝对沉降量。

由于桩端泥浆中的钻渣较多，为确保桩端压浆混凝土的质量，在桩端压浆之前，通过压浆机的压浆管和回流管清除桩端的沉渣，其方法同桩侧清除方法。

桩端压浆和桩侧压浆方法一样，压浆时，当回流管出现新鲜灰浆后，关闭回流管继续压浆，使空心桩发生上抬现象。桩的上抬量通过事先在桩孔周围搭好的独立支架上安装 8 个百分表进行监控。

待桩侧压浆混凝土初凝后将表层松散浮浆凿除，再用干硬性混凝土将抛石压浆混凝土的顶部封闭。

【学习实践】

描述钻埋桩基础的特点。

【实践过程】

【学习心得】

通过本任务的学习，我的体会有……………………………………………………

……………………………………………………………………………………

……………………………………………………………………………………

……………………………………………………………………………………

……………………………………………………………………………………

……………………………………………………………………………………

……………………………………………………………………………………

……………………………………………………………………………………

……………………………………………………………………………………

……………………………………………………………………………………。

任务3－8　水中桩基础施工

【学习目标】

通过本任务的学习，要求学生熟悉以下内容：

了解浅水及深水条件下桩基础施工方法。

【学习内容】

水中桩基础的施工显然比旱地上施工要复杂困难得多，尤其在深水急流的大河中修筑桩基础。为了适应水中施工的环境，必然要增添浮运沉桩及相关的设备和采用水中施工的特殊方法。

常用的浮运沉桩设备是将桩架安设在驳船或浮箱组合的浮体上，或使用专用打桩船，有时配合使用定位船、吊船等，在组合的船组中备有混凝土工厂、水泵、空气压缩机、动力设备、龙门吊或履带吊车及塔架等施工机具设备。所用设备可根据采用的施工方法和施工条件选择确定。

因地制宜的水中桩基础施工方法有多种，下面就常用的基本方法分浅水施工和深水施工做简要介绍。

3－8－1　浅水中桩基础施工

对于位于浅水或临近河岸的桩基，可以采用筑岛法，也可以用围堰法。

筑岛法即在水中筑成圆岛或半岛，常用直接堆筑法和板桩墙回填法。这些方法主要适用于水深较浅，水流、波浪不大，筑岛后对泄洪、航运等基本上没有影响的水域。

围堰法即先筑围堰，后沉基桩的方法。对围堰所用材料和形式，以及各种围堰应注意的要求，与浅基础施工基本相同。围堰筑好后，便可抽水挖基坑或水中吸泥挖坑再抽水，然后做基桩施工。

在浅水中建桥，常在桥位旁设置施工临时便桥。设置临时施工便桥应在整个建桥施工方案中考虑，根据施工场地的水文地质、工程地质、施工条件和经济效益来确定。一般在水深不大(3～4m)、流速不大、不通航(或保留部分河道通航)、便桥临时桩施工不困难的河道上，可考虑采用建横跨全河的便桥，或靠两岸段的便桥方案。

3－8－2　深水中桩基础施工

在深水中的低桩承台桩基础或承台墩身有相当一部分长度需在水下施工时，常采用围堰进行桩基础施工。

目前，桥梁深水基础修建中采用的防水围堰大致有以下几种：钢板桩围堰、双壁钢围堰、钢筋混凝土沉井围堰、双层薄壁钢筋混凝土围堰、钢吊箱围堰、锁口钢管桩围堰等。

钢板桩围堰主要由钢板桩和钢围笼(也有称钢围囹)组成,钢板桩起防水、挡土及水下封底混凝土模板的作用;围笼作为下沉管柱的悬挂和导向结构,同时用为钢板桩的支撑,其顶层又作为施工平台,它是一种临时辅助结构,待墩身修出水面后全部拆除。

自武汉长江大桥首次采用钢板桩围堰管柱基础修建桥梁深水基础成功之后,钢板桩围堰在 20 世纪 50 年代我国的桥梁深水基础修建中得到广泛的应用。但采用钢板桩围堰在长江上修建深水基础,因施工时受水位控制,施工周期长,一般均需经过两个枯水期,即需要一年半以上的工期,有的甚至更长。由于钢板桩的长度有限,所以能施工的水深也受到限制,为此我国在 20 世纪 70 年代修建九江长江大桥时,首创双壁钢围堰这一新的围堰形式,这在简化施工工序、缩短工期方面有了新的突破,达到了在长江上仅用一年甚至更短的时间就可修建一个桥梁深水基础的新水平。

双壁钢围堰有强度更高的双壁钢壳,可受更大的围堰内外水头差。其施工时,在围堰封底以前的工序简单,加上采用围堰内预留孔,可以早封底以安全度洪。因此,其施工时抽水及度洪均不受施工水位限制,任何季节均能进行施工。另外,双壁钢围堰施工基本上不受墩位处水深的限制,若配合使用射水下沉工艺,还可将围堰下沉到更深的覆盖层内,所以双壁钢围堰能在深水、厚覆盖层的条件下采用。

吊箱围堰就是悬吊在水中的有底套箱,为实现高桩承台的干施工,多用吊箱围堰来做承台修建。就是在深水中桩基完成后,用起吊设备将内装有扁担梁且已拼成整体的钢吊箱围堰,悬挂在定位桩桩顶,然后灌注水下混凝土封底,抽水后浇筑承台混凝土。这时,吊箱围堰的作用就是为了实现承台的干施工,其底板是封底混凝土的控制面,侧板为浇筑封底混凝土及承台混凝土的侧模,同时吊箱围堰的顶面也作为混凝土浇筑施工的工作作业面。

【学习实践】

有水环境下,桩基础施工围堰有哪些类型?各自的使用条件是什么?

【实践过程】

【学习心得】

通过本任务的学习,我的体会有……………………………………………………

……………………………………………………………………………………

……………………………………………………………………………………

……………………………………………………………………………………

……………………………………………………………………………………

……………………………………………………………………………………。

任务 3－9　钻孔灌注桩后压浆技术

【学习目标】

通过本任务的学习,要求学生熟悉以下内容:

1. 熟悉灌注桩后压浆的方法种类。
2. 认识常见的施工设备。
3. 掌握灌注桩后压浆施工工艺流程。

【学习内容】

灌注桩的单桩承载力,在桩身混凝土强度足够的情况下,主要取决于地基土对桩的桩侧摩阻力和桩端阻力。由于钻孔桩施工过程中存在的桩底沉渣(或虚土)和桩侧泥皮大大降低了桩的承载力,所以工程中常采用后压浆技术进行补强和加固处理。

灌注桩后压浆是成桩时在桩底或桩侧设置压浆管路和压浆装置,待桩身达到一定强度后,利用高压压浆泵将水泥或其他化学浆液压入桩侧或桩底,对孔底沉渣和桩侧泥皮进行固化,从而消除传统灌注桩施工工艺所固有的缺陷,改变土体的物理力学性能及桩土间边界条件,以提高桩的承载力和桩身质量,减少沉降量。

灌注桩后压浆适用于各种地质条件下的泥浆护壁钻、冲孔灌注桩,也适用于干作业钻、挖孔灌注桩,对于大直径、超大型桩,效果尤为显著。

3－9－1　灌注桩后压浆的分类

根据目前的技术水平和施工工艺,灌注桩后压浆可按桩身压浆位置、压浆管埋设方法及压浆工艺三个方面进行分类。

一、按桩身压浆位置分类

按桩身压浆位置的不同,后压浆可以分为桩端后压浆、桩侧后压浆、桩端后桩侧联合压浆三类。

1. 桩端后压浆

桩端后压浆是在灌注桩成桩后,通过预埋在桩身的压浆管,将浆液以一定压力经桩端预留压浆装置注入桩端土层,从而改变桩端土层的物理力学性能及桩土间的边界条件,消除桩端沉渣和虚土的隐患,提高桩端承载力。

2. 桩侧后压浆

桩侧后压浆是在灌注桩成桩后,将浆液以一定压力通过桩身预埋压浆装置强行注入桩侧土层中。桩侧压浆可以充填桩身与桩周土体间的孔隙,破坏和消除泥浆护壁形成的泥皮,并与桩侧土及泥皮发生物理化学反应,提高桩侧与周围土体间的黏结力,从而提高桩侧摩阻力。当压力很大时,浆液可渗透到桩周土体中,与桩侧土体固结在一起,相当于增大了桩径，从而提高单桩承载力。

二、按压浆管埋设方法分类

按压浆管埋设方法不同，后压浆可以分为桩身预埋压浆管和钻孔埋管压浆两类。

1. 桩身预埋压浆管压浆

桩身预埋压浆管压浆是指在灌注桩施工前预先将压浆管放置好，待浇筑桩身混凝土时浇筑在桩身中。压浆管可以放置在桩身的中部，也可以放置在桩身的侧面。

2. 钻孔埋管压浆

桩身钻孔埋管压浆一般是在桩承载力不能满足要求和进行桩基事故处理时所采用的方法。钻孔埋管压浆可分为桩身中心钻孔埋管和桩外侧钻孔埋管。桩身中心钻孔埋管压浆是在成桩之后，在桩身中心钻孔埋设压浆管，并深入到桩端以下约 1～2 倍桩径范围，然后压浆。桩外侧钻孔埋管是指成桩之后，沿着桩身四周 0.2～0.5m 的间距钻孔并压浆。

三、按压浆工艺分类

按压浆工艺的不同，后压浆可以分为开式压浆和闭式压浆两类。

1. 开式压浆

开式压浆是指浆液通过压浆管直接压入桩端土层、岩体中。浆液首先渗透到最疏松的桩沉渣间隙中，然后进一步向桩端持力层及周围土层中渗透，形成凝结块，从而消除孔底沉渣不良影响，对桩端持力层起到压密作用，提高了桩端承载力。这种方法加固范围较大。

2. 闭式压浆

闭式压浆是将预制的有良好弹性的腔体（又称承压包、预压包、压浆胶囊等）或压力注浆室，随钢筋笼放入孔底，成桩后在压力作用下，把浆液注入腔体内。随着压浆压力和压浆量的增大，弹性腔体逐渐膨胀、扩张，在桩端土层中形成浆泡。浆泡的产生及其逐渐扩大，会对桩土层进行有效压密，并形成扩大桩头。这种方法可以对桩端土层进行局部加固，加固范围小，针对性强。砂性土层中的压密效要优于黏性土层。

实际工程中，开式压浆、预埋压浆管的压浆方式在灌注桩中比较常用。

3-9-2 灌注桩后压浆的施工装置

灌注桩后压浆的施工装置系统大致可以分为地面压浆装置和地下压浆装置两大部分，如图 3-72 所示。地面压浆装置主要由储浆筒、高压压浆泵、观测仪表及进浆管等组成；地下压浆装置主要由压（注）浆管和桩端压浆装置（如注浆阀）等组成。

1. 高压压浆泵

高压压浆泵的性能往往决定后压浆的质量和成败，所以，施工时应注意选择合理的压浆泵。桩端压力注浆对泵的要求是排量要小，压力要高要稳，泵的额定压力应大于施工要求的最大压浆压力的 2.5 倍，泵的排量一般为 50～300L/min。

2. 压浆管

桩身压浆管是连接地面进浆管与桩端、桩侧压浆装置的过渡管材，一般采用 30～

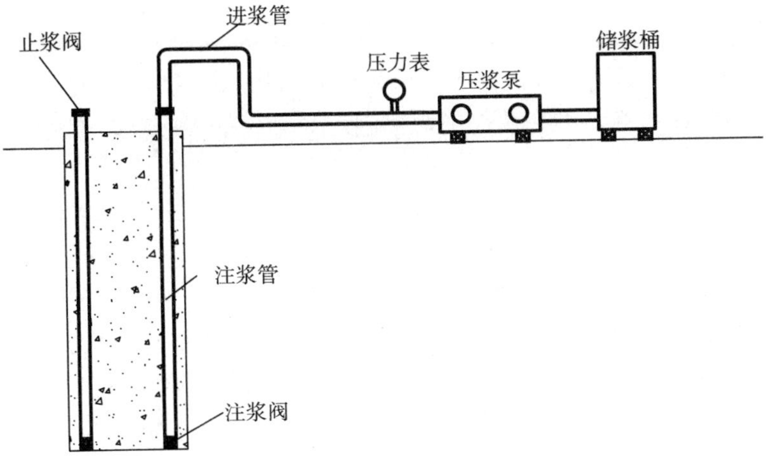

图 3－72　后压浆施工装置示意图

50mm 的无缝钢管、黑铁管或 PVC 管等。

压浆管可根据桩径的大小及压浆的均匀性要求，沿钢筋笼均匀地布置一定数量。压浆管应连接牢固并密封，与钢筋笼加劲箍筋焊接或绑扎固定，随钢筋笼一起放入孔内。

3. 桩端压浆装置

桩端压浆装置是整个桩端压浆施工工艺的核心部件，对于开式压浆和闭式压浆其装置则不同。开式压浆只有单向阀（注浆阀），压浆时，浆液由桩身压浆管经单向阀直接注入土层。闭式压浆在桩端有预留空腔体，浆液注入腔体内而不是注入土层。

3－9－3　灌注桩后压浆的施工工艺

灌注桩后压浆的总体施工工艺流程如图 3－73 所示。下面具体介绍其中的主要施工内容、方法及要点。

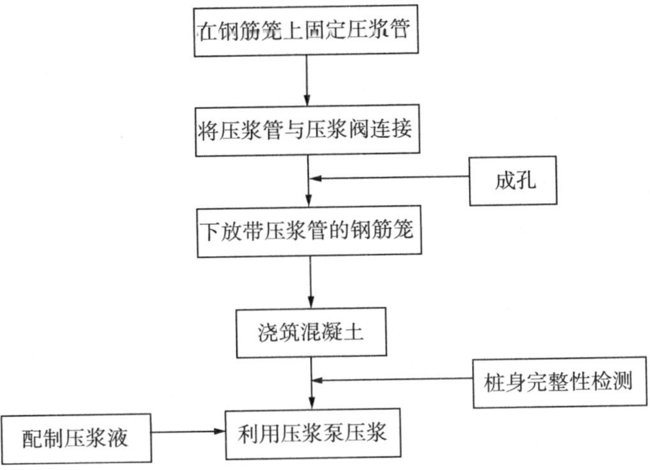

图 3－73　灌注桩后压浆施工工艺流程

一、埋设压浆管

桩端压浆采用通长压浆管直至桩底。桩侧压浆则将压浆管下放至设计高程，在预定的灌浆断面用弹性软管环置于钢筋笼外侧捆绑，与压浆管用三通连接，在弹性软管沿环向外侧均匀钻一圈小孔。

当压浆管绑扎在钢筋笼上时，压浆管有时要分段埋设，一边下放钢筋笼一边接长压浆管。因为压浆管在压浆过程中要承受很大的压力，当压浆管布设在桩的外侧时，如果接头不严密，将有可能使浆液冲破桩身混凝土保护层，达不到预定的注浆深度。尤其是桩身龄期较短时，更可能发生这种情况。可见，保证压浆管的接头质量尤为重要。所以，在安装压浆管时，必须保证压浆管之间的对接、密封良好。端部花管、每节或每段压浆管连接完成后，均应灌注具有一定压力的自来水检验其是否密封。

为便于桩底注浆和确保浆液注入桩底土体，压浆管底部最好插入桩底土 30～40cm。压浆管埋设好后，要立即向管内注满清水并把顶端密封，以减少管内外压力差，防止压浆管变形和异物进入堵塞管路而影响压浆效果。

二、浇筑混凝土

当钢筋笼及压浆管下放安置好后，就可进行混凝土浇筑工作，混凝土浇筑同一般桩的水下混凝土浇筑。

浇筑桩身混凝土前宜向孔底投放 0.5m 厚的碎石，其作用在于：以碎石作压浆通道；在碎石重力冲击下将孔底沉积土翻起，减少桩底沉渣厚度；有利于压浆后形成桩端扩大头。

三、预压水疏通压浆管道

灌注混凝土达到一定强度后，应及时对压浆管道实施预压水试验。其目的是利用预压水预先劈裂花管侧边的混凝土保护层和花管端部胶带，打通压浆通道，这是保证压浆管道设置成功的重要措施。对压浆管实施预压水的时间，以在混凝土浇灌成桩后 3～7 天内进行为宜。

四、压浆

1. 压浆开始时间

由于压浆时要施加较高的压力，所以必须等到桩身具有一定强度后方可进行压浆施工。压浆过早，会因桩身混凝土强度过低而导致桩体破坏；压浆过晚，桩底沉渣凝固硬化影响压浆通道，从而影响压浆效果。已有的试验结果表明：桩身混凝土强度达到设计值的 75％以上并大于 20MPa 时，可进行压浆。从灌注桩浇筑到开始压浆的时间间隔一般为 10d 左右，夏季间隔时间可适当缩短，但不得少于 7d，冬季间隔时间要适当延长。

2. 预注清水

在正式压浆之前，应先试压清水(又称为开塞)，以检验已打通的压浆管道是否重新被堵塞并进行疏通，待注浆管畅通之后再压注浆液。同时，进行压水试验还可以为确定初始注浆压力提供依据，并可把细颗粒的沉渣推至注浆范围之外。这是压浆施工前必不可少的重要工序。

3. 初压

当压水试验结束之后，就可以将配制好的浆液通过高压泵和预埋管注入桩端。在这一阶段，注浆压力要小，浆液应由稀到稠。此时，要密切注意压浆压力、压浆量及压浆管的变化，同时进行桩身上抬量的观测。

4. 二次（多次）压浆

第一次压浆结束后，压浆仅能影响一定的范围，为了充分发挥压浆的作用，可进行第二次压浆。第二次压浆的压浆管最好与第一次压浆的压浆管呈180°分布，第二次压浆量一般为第一次压浆量的1/4～1/3，水灰比可适当提高。根据需要，也可进行多次压浆。

五、压浆结束的标准

压浆过程的终止标准可根据压浆压力、压浆量和桩的上抬量三个指标控制，当满足下列条件之一时可终止压浆：

压浆总量和压浆压力均达到设计要求。

压浆总量已达到设计要求的70%，且压浆压力达到设计要求的150%并维持5min以上。

压浆总量已达到设计要求的70%，且桩顶或地面出现明显的上抬。

压浆完毕后，应立即关闭安装在压浆管口的止浆阀，并稳定一段时间，以防止管内浆液压力过高造成返浆现象。

六、压浆过程中的注意事项

压浆过程中当发现压浆压力突然下降、流量突然增大时，应立即停止压浆，并检查是否有冒浆、跑浆现象发生。如产生冒浆、跑浆，则应停止压浆，并进行封堵，或减小压浆的压力，或加大浆液浓度，或采取间歇压浆或速凝浆等措施。

如灌浆泵压力表指针越来越高时，应暂停压浆，待查明原因后再继续压浆。若水泥浆液压不进且压力升高很快，则可能发生堵管，如发生在压浆管内，可先减压，然后从另一压浆口压浆。如果判别不是堵管，则可稳压5～10min后结束压浆，并及时封堵压浆管，保持桩底压浆压力。

七、灌注桩后压浆技术的特点

灌注桩后压浆技术具有如下特点。

(1)施工设备简单，操作简便，可靠性好，附加费用低；

(2)适应性强，在各种桩基中均可使用；

(3)有利于持力层的灵活选择；

(4)能大幅度提高桩基承载力，从而缩短桩长或减少桩基数量，技术经济效益十分显著；

(5)施工时主要技术控制参数易于观测，有利于保证施工质量；

(6)可利用压浆管作超声波检测，能及时反馈桩基混凝土施工质量状况。

【学习实践】

解释后压浆技术对提高钻孔灌注桩承载能力的机理。

【完成项目任务】

1. 某桥基础为6根直径2.0m的钢筋混凝土桩基，设计桩长35m，桩顶设承台。地质条件如下，原地面往下依次为2m的覆盖层和含15%砂砾石的土，施工水位比桩顶高1.5m。施工单位拟选用正循环回转钻机，钢护筒结构，采用导管法灌注水下混凝土。

问题：

(1)在成孔过程中应注意哪些方面的问题？

(2)在清孔过程中应注意哪些方面的问题？

(3)如何进行水下混凝土的灌注？

2. 某桥基础为6根直径2.0m的钢筋混凝土桩基，上置8m×12m×3.5m钢筋混凝土承台，承台顶面比原始地面线低0.5m。水文地质条件如下，0～0.60m砂砾石，下为黏土，施工期间的水位刚好淹没原地面线。

问题：

(1)施工单位采用围堰法施工，请列出适用于该桥的围堰类型有哪些？

(2)适用于该桥承台施工的支护形式有哪些？

(3)在浇筑混凝土前应对承台底做哪些处理？

(4)浇筑承台(大体积)混凝土前，应对桩基做哪些处理？

(5)浇筑承台混凝土前，对钻孔灌注桩应做哪些主要项目的检验？

3. 某桥主墩基础为钻孔灌注桩，地质依次为表层2m的砾石，以下为软土。主要施工过程如下，平整场地、桩位放样、埋设护筒、采用正循环钻成孔。终孔经检验合格后清孔，泥浆密度和沉渣厚度(30cm)均满足要求。后吊装钢筋笼并固定牢靠。对导管进行接头抗拉试验，试验合格后，安装导管，导管底口距孔底的距离为25cm。混凝土坍落度18cm。

施工单位考虑到灌注时间较长，经业主同意后在混凝土中加入缓凝剂。首批混凝土灌注后埋置导管的深度为1.2m，在随后的灌注过程中连续均匀进行。当灌注混凝土进行到23m时，发现导管埋管，施工人员采取了强制提升的方法；灌注到30m时，出现导管堵塞，施工人员采用型钢插入疏通导管，之后连续灌注直至完成。养生验收后发现断桩。

问题：

(1)断桩可能发生在何处？原因是什么？

(2)指出施工过程中的错误之处。

(3)塞管处理的方法有哪些？

4. 某桥2#墩基础为直径2m、桩长25m的钻孔灌注桩，地质条件如下，原地面以下依次为黏土、卵砾石、强风化岩。地下水位在原地面以下2.5m。采用钢护筒结构。

问题：

(1)如何制备钻孔泥浆？

(2)钻孔应连续进行，不得间断。当钻进到(①)时，应(②)。钻进过程中要确保泥浆水头高度高出孔外水位(③)以上。每钻进(④)检查(⑤)。为减少扩孔、斜孔和弯孔，应采用(⑥)钻进，使钻杆维持竖直状态。

① A. 黏土　　B. 强风化岩
C. 护筒中部　　D. 护筒刃脚和卵砾石
② A. 中挡慢速　　B. 中挡匀速
C. 低挡匀速　　D. 低挡慢速
③ A. 0.3m　　B. 0.4m
C. 0.5m　　D. 0.6m
④ A. 2～3m　　B. 2～4m
C. 3～4m　　D. 3～5m
⑤ A. 孔深和垂直度　　B. 孔径和垂直度
C. 孔形和孔深　　D. 孔径和泥浆相对密度
⑥ A. 增压法　　B. 匀压法
C. 减压法　　D. 低档匀压法

(3)钻孔灌注桩的清孔方法有哪些？清孔时应注意哪些问题？

(4)终孔后应对该桩做哪些方面的检验？

5. 某桥梁基础工程为钻孔灌注桩。为了保证工程质量，项目经理部组成了以总工程师为组长的质量控制小组。

(1)确定了现场质量检查控制制度，内容如下。

工序交接检查：对关键工序或对工程质量有重大影响的工序，要在互检的基础上组织专职人员进行交接检查，以确保工序合格。

停工后复工的检查：因处理质量问题或某种原因停工后再复工时，均应检查认可后方可复工。

巡视检查：对施工操作质量进行巡视检查。

(2)确定了钻孔桩的质量控制要点。内容包括：桩位坐标控制、垂直度控制、清孔质量控制等。

问题：

(1)项目经理部制订的现场质量检查控制制度有哪些不完善之处？请补充完整。

(2)桥梁基础钻孔桩的质量控要点还应该有哪些？

6. 某桥梁工程，其基础为钻孔桩。该工程的施工任务由A公司总承包，其中桩基础施工分包给B公司，建设单位委托了C公司进行监理。

A公司要求B公司在施工前复核了该工程的原始基准点、基准线和测量控制点，在经A公司技术人员审核签认后，指令B公司进行该桥桩基础施工。该桥$1^{\#}$墩桩基础施工完毕后发现整体桩位(桩的中心线)沿桥梁中线偏移，偏移量超过规范允许的偏差。经检查发现，造成桩偏位的原因是桩位施工图尺寸与总平面尺寸不一致所致。于是，A公司与监理公司共同商议按以下方案处理，并由A公司指令B公司尽快组织实施。

(1)补桩；

(2)承台结构钢筋适当调整，外形尺寸做部分改动。

问题：

A 公司的做法有无不妥之处？为什么？你认为应该如何做？

【实践过程】

【学习心得】

通过本任务的学习，我的体会有……………………………………………………

……………………………………………………………………………………………

……………………………………………………………………………………………

……………………………………………………………………………………………

……………………………………………………………………………………………

……………………………………………………………………………………………

……………………………………………………………………………………………

……………………………………………………………………………………………

……………………………………………………………………………………………

……………………………………………………………………………………………。

学习项目 4 沉井基础

任务 4－1 沉井基础的概况

【学习目标】

通过本任务的学习，要求学生了解以下内容：

1. 掌握沉井基础的概念。
2. 了解沉井基础的特点。
3. 熟悉沉井基础的适用条件。

【学习内容】

一、沉井基础的特点

沉井（图 4－1）是一种利用人工或机械的方式清除井孔内的土石，井体借自重或添加压重克服井壁与土的阻力以及刃脚底面土的阻力而不断下沉至设计高程，并经过封底、填芯以后，使其成为桥梁墩台或其他结构物基础的一个井筒状结构物（图 4－2）。

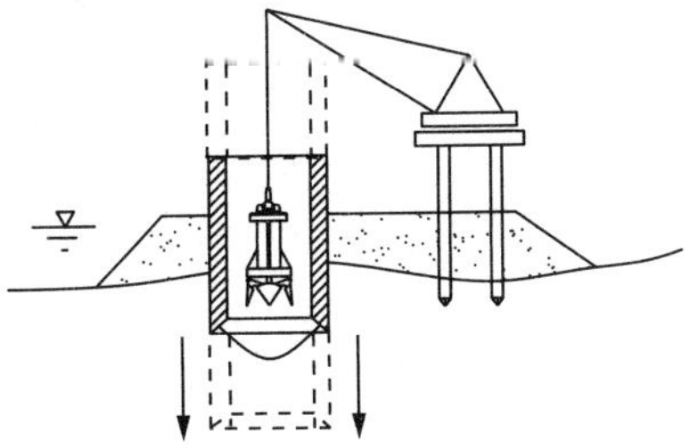

图 4－1　沉井下沉示意图

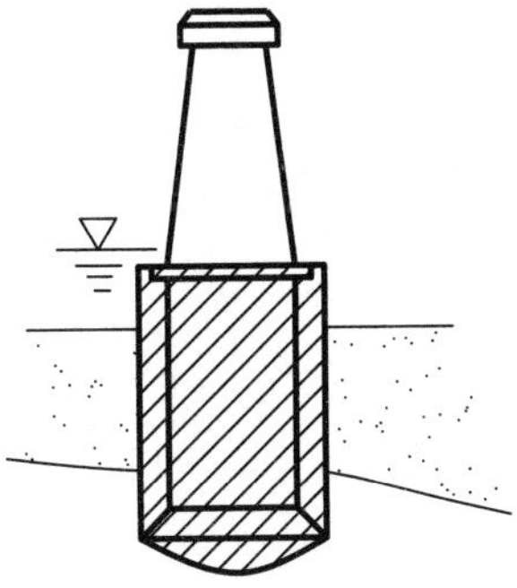

图 4－2　沉井基础

沉井基础是实体基础的一种。沉井基础的特点是埋置深度较大、整体性强、稳定性好、具有较大的承载面积，能承受较大的垂直荷载和水平荷载；下沉过程中，沉井既是基础，又是施工时的挡土和挡水的围堰结构物，起到围护作用；施工中不需要很复杂的机械设备，施工技术也较简单，无需特殊的专业设备，并可以做成补偿性基础，避免过大的沉降。因此，沉井在水深较大的桥梁工程中得到较为广泛的应用。在桥梁工程中，设置沉井的目的是将上部的重量和使用荷载传递到比较坚硬的土层中去，沉井下沉到设计高程后，井内空腔一般用圬工片石和混凝土等材料填塞或保持空心。

二、沉井基础的适用条件

沉井施工工期往往相对较长。从施工及受力特点上看，有些情况不宜采用或慎用沉井：沉井在饱和细砂、粉砂和亚砂土层中排水挖土时，易发生严重的流砂现象，致使沉井倾斜；土层中夹有孤石、大树干或被淹没的老桥基等障碍物时，沉井下沉困难；基岩层面倾斜、起伏很大时，常致使沉井底部有一部分在岩层上，又有一部分仍支承在软土上，使沉井底受力不均匀。

根据经济上合理、技术上可行的原则，一般在下列情况，可以采用沉井基础。

(1)上部荷载较大，而表层地基土的容许承载力不足，做扩大基础开挖工作量大，以及支撑困难，但在一定深度下有较好的持力层，采用沉井基础与其他基础相比较，经济上较为合理。

(2)冲刷大或河中有较大卵石的山区河流中不便于扩大基础或桩基础施工时，亦可考虑采用浮运沉井。

(3)岩层表面较平坦且覆盖层浅，但河水较深，采用扩大基础施工设置围堰有困难。

【学习实践】

1. 什么叫沉井？查阅相关资料了解沉井基础的应用。
2. 和其他基础形式比较，沉井具有哪些特点？
3. 沉井基础适合在什么条件下使用？

【实践过程】

【学习心得】

通过本任务的学习，我的体会有……………………………………………………………

…………………………………………………………………………………………………

…………………………………………………………………………………………………

…………………………………………………………………………………………………

…………………………………………………………………………………………………

…………………………………………………………………………………………………

…………………………………………………………………………………………………。

任务4－2　沉井基础的类型与构造

【学习目标】

通过本任务的学习，要求学生熟悉以下内容：

1. 了解按照不同的分类标准，沉井基础可以分为哪些种类。
2. 能够描述不同类型沉井的特点。
3. 熟悉各种不同类型沉井基础的适用条件。
4. 掌握沉井的基本构造。
5. 能准确认知沉井基础各组成结构，并熟悉其工作性能。
6. 了解沉井各组成结构的尺寸及构造要求。

【学习内容】

4－2－1　沉井基础的分类

一、按施工方法分类

根据不同的施工方法可将沉井分为一般沉井和浮运沉井。一般沉井指直接在基础位置处浇注，然后挖土，依靠井壁自重下沉。若基础位于水中，则先人工筑岛，再在岛上浇筑沉井下沉。浮运沉井是指先在岸边预制，再浮运就位下沉的沉井，通常在深水地区，或水流流速大，有通航要求，人工筑岛困难或不经济时采用。

二、按使用材料分类

根据制作沉井材料的不同，沉井可分为以下几类：

1. 混凝土沉井

混凝土的特点是抗压强度高，抗拉能力差，因此这种沉井宜做成圆形，适用于下沉深度不大于4～7m的松软土层，其井壁竖向接缝应设置接缝钢筋。沉井刃脚部分宜采用钢筋混凝土或型钢加强。

2. 钢筋混凝土沉井(配筋率不小于0.1%)

这种沉井的抗压及抗拉能力较好，下沉深度可以很大，可以做成重型或薄壁的就地制造下沉的沉井，也可以做成薄壁浮运沉井以及钢丝网水泥沉井等，在桥梁工程中应用最大。当沉井平面尺寸较大，自重较轻下沉困难时，沉井外壁常采用泥浆润滑套，壁后压气等施工措施辅助下沉。此外，钢筋混凝土沉井井壁、隔墙可分段预制，拼装后，做成装配式。在盛产毛竹的地区也可以采用抗拉能力好的竹筋代替部分钢筋，做成竹筋混凝土沉井，作为围堰等临时结构使用，可大大节省造价。

3. 钢沉井

用钢材制造沉井，其强度高、质量轻、易于拼装，宜做成空心浮运沉井，但钢材用量较大。

此外还可以根据工程条件选用木沉井和石砌圬工沉井等。

三、按平面形状分类

根据沉井的平面形式，公路桥梁中常用的沉井，可分为圆形、矩形和圆端形三种基本类型。根据井孔的布置方式和平面尺寸的大小，沉井又分单孔、双孔和多孔。双孔以及多孔沉井中间设隔墙，如图 4－3 所示。沉井棱角处宜做成圆角或钝角，以使沉井在平面框架受力状态下受力均匀，减少井壁摩擦面积和不至于形成死角。顶面襟边宽度应根据沉井施工容许偏差而定，不应小于沉井全高的 1/50，且不应小于 0.2m，浮式沉井另加 0.2m。沉井顶部需设置围堰时，其襟边宽度应满足安装墩台模板的需要。

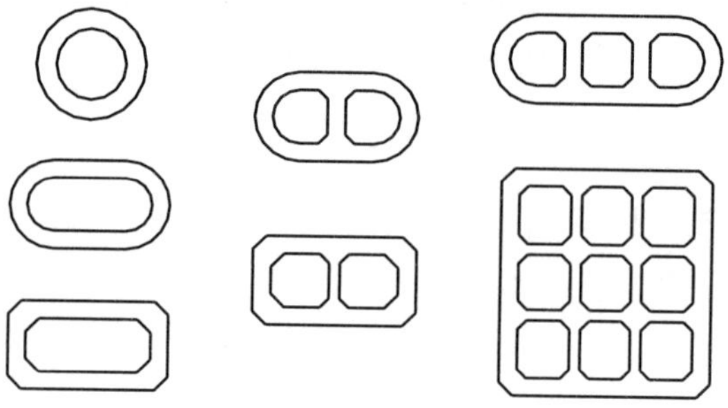

图 4－3　沉井平面图

a)单孔沉井；b)双孔沉井；c)多孔沉井

1. 圆形沉井

圆形沉井在下沉过程中易于控制方向，挖土较容易，不形成影响机械设备工作的死角，易使沉井较均匀地下沉。此外，在井侧土压力作用下，沉井井壁水平向只受轴向应力作用，受力情况好，能充分利用混凝土抗压强度大的特性。与其他形状沉井比较，圆形沉井具有周长小，摩阻力小的特点。所以当墩身是圆形或河流流向不定以及桥位与河流主流方向斜交比较大时，可采用圆形沉井，这样可减小阻水、冲刷。在实际工程中，以圆形沉井居多。即便是墩台形状为非圆形，也可使用圆形沉井。

2. 矩形沉井

矩形沉井对墩台底面形状的适应性较好，模板制作、安装都较简单，能充分利用地基承载力，但采用不排水下沉时，边角部位的土不易挖除，容易使沉井因挖土不均匀而造成下沉倾斜的现象。

与圆形沉井比较，矩形沉井井壁受力条件较差，存在较大的剪力与弯矩，故井壁跨度受到限制。矩形沉井在流水中有较大的阻水系数，故在下沉过程中易使河床受到较大的局部冲刷。

3. 圆端形沉井

这种沉井控制下沉、受力条件、阻水冲刷较矩形沉井有利，且能更好地与桥墩平面形状相适应，除模板制作较复杂一些外，其优缺点介于前两种沉井之间。

四、按沉井的立面形状分类

按沉井的立面形状可分为竖直式、倾斜式及台阶式等(图 4－4)。采用何种形式应视沉井通过土层性质和下沉深度而定。

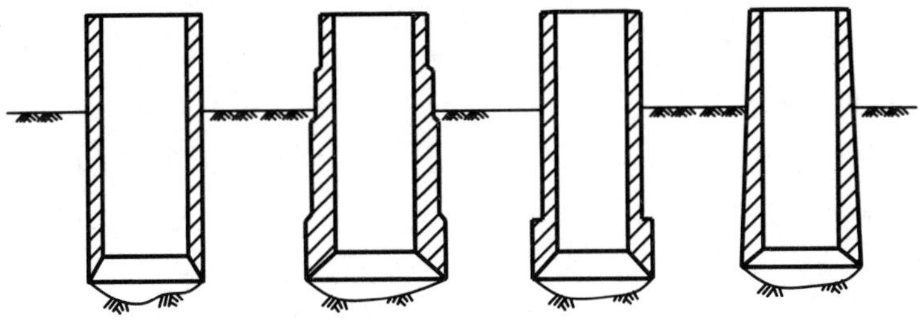

图 4－4 沉井剖面图

a)外壁竖直无台阶式;b)台阶式;c)台阶式;d)外壁倾斜式

外壁竖直形式的沉井,它在下沉过程中井壁受力均衡,对沉井周围的土体的扰动较小,可以减少沉井周围的土方坍塌,当沉井周围有构造物时,这一点就很重要。另外这种沉井不易倾斜,井壁接长较简单,模板可重复使用。故当土质较松软且沉井下沉深度不大时,可以采用这种形式。但这种沉井井壁侧阻力较大,若土体密实,下沉深度较大时,下沉较困难。

倾斜式及台阶式井壁可以减少土与井壁的摩阻力,抵抗侧压力性能较合理,但施工较复杂,消耗模板多,同时沉井下沉过程中容易发生倾斜。这类沉井多在土质较密实,沉井下沉深度大,不增加沉井本身重量沉至设计高程的情况下采用。倾斜式的沉井井壁斜面坡度一般为 20/1～50/1(竖/横),台阶式井壁的台阶宽度一般为 100～200mm,其坡度与倾斜式坡度相当。沉井平面尺寸的大小主要由地基土的容许承载力决定。同时,在水流冲刷大的河床上应考虑阻水较小的截面形式。

4－2－2 沉井基础的构造

一般沉井构造上主要由井壁、刃脚、隔墙、井孔、凹槽、射水管、封底和盖板等组成(图 4－5)。

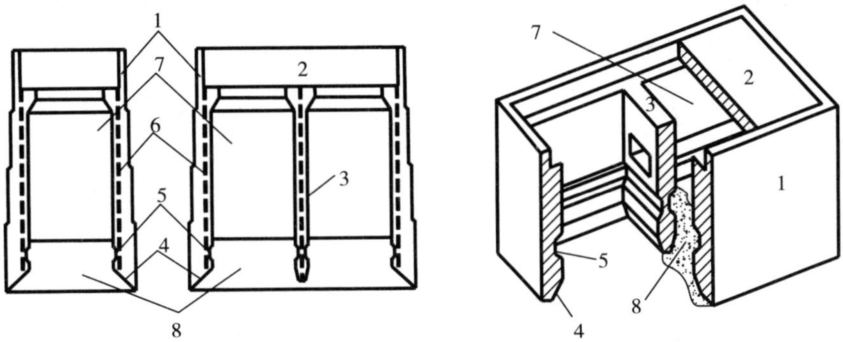

图 4－5 沉井构造示意图

1—井壁;2—顶盖;3—隔墙;4—刃脚;5—凹槽;6—射水管;7—井孔;8—封底混凝土

一、井壁

井壁是沉井的主体部分，其作用是：

(1)作为施工时的围堰，用以挡土、隔水。

(2)提供足够的重量，使沉井能克服阻力顺利下沉。

(3)沉至设计高程并经填芯后，作为墩台基础。

因此井壁需有足够的结构强度，一般要根据施工时的受力条件，在井壁内配以竖向和水平向的受力筋，水平钢筋不宜在井壁转角处有接头。浇筑沉井的混凝土强度等级不应低于 C20；当为薄壁浮运沉井时，井壁和隔板不应低于 C25。沉井井壁的厚度应根据结构强度、施工下沉需要的重力、便于取土和清基等因素而定，可采用 0.8～1.5m，但钢筋混凝土薄壁浮运沉井及钢模薄壁浮运沉井的壁厚不受此限。沉井高度如果很高，一般分节下沉，如土质松软，沉井底节的高度以不超过 $0.8b$(b 为沉井宽度)为宜，为便于施工，沉井每节高度可视沉井的平面尺寸、总高度、地基土情况和施工条件而定，不宜高于 5m。如沉井高度在 8m 以下，地基地质情况都许可时，沉井也可一次性浇成。

二、刃脚

沉井井壁下端形如刀刃状的部分称为刃脚。它是沉井应力最集中的地方，其作用是在沉井自重作用下易于切土下沉，同时有支承沉井的作用。沉井刃脚根据地质情况，可采用尖刃脚或带踏面刃脚。如土质坚硬，刃脚面应以型钢加强或底节外壳采用钢结构(图 4－6)，以防刃脚损坏。刃脚底面宽度可为 0.1～0.2m，如为软土地基可适当放宽。刃脚斜面与水平面交角不宜小于 45°。刃脚高度视井壁厚度、便于抽除垫木而定，一般在 1.0m 以上。由于刃脚在沉井下沉过程中受力较集中，宜采用强度等级 C25 以上的混凝土制成。

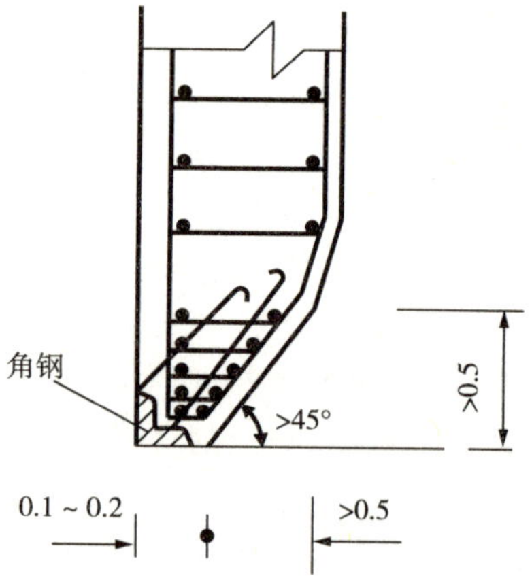

图 4－6　刃脚构造(单位：m)

当沉井需要下沉至稍有倾斜的岩面上时，在掌握岩层高低差变化的情况下，可将刃脚做成与岩面倾斜度相适应的高低刃脚。在岩面上采用高低刃脚的沉井时，必须有足够的钻探资料，使刃脚做成与岩面倾斜度相适应的台阶或斜坡形，以使刃脚嵌入岩层，便于取土清基而不致翻砂。这种沉井验算抗倾覆和抗滑稳定性时，应考虑岩面倾斜的不利因素，并采取必要措施。

三、隔墙

当沉井的长宽尺寸较大时，应在沉井内设置隔墙，其作用是将沉井空腔分隔成多个井孔，缩小外壁计算跨度，便于控制挖土下沉，防止或纠正倾斜和偏移，并加强沉井的刚度，减少井壁的挠曲应力。因其不承受土压力，厚度一般小于井壁。隔墙底面应高出刃脚底面 0.5m 以上，以减少下沉时的阻力。但在硬土或砂土层中下沉时，为防止隔墙底面受土的阻碍，隔墙底面应高出刃脚踏面 1.0～1.5m，也可在刃脚与隔墙连接处设置梗肋以加强刃脚与隔墙的连接。如为人工挖土，在隔墙下端应设置过人孔，便于工作人员在井孔间往来。

四、井孔

井孔是挖土、排土的工作场所和通道。井孔尺寸应满足施工要求。沉井井孔的最小尺寸，应视取土机具而定，一般不小于 2.5m。井孔布置应对称于沉井中心轴，便于对称挖土使沉井均匀下沉。对顶部设置围堰的沉井，宜结合井顶围堰统一考虑。

五、凹槽

凹槽位于刃脚上方内侧，其作用是沉井封底时，使封底混凝土与井壁较好的结合，使封底混凝土底面的反力能更好地传给井壁(如井孔全部填实的实心沉井也可不设凹槽)。凹槽深度约为 0.15～0.25m，高度约为 1.0m。

六、射水管

当沉井下沉深度大，土阻力较大，下沉会产生困难时，可在井壁中预埋射水管组。射水管应均匀布置，以利于控制水压和水量来调整下沉方向。一般水压不小于 600kPa。若使用泥浆润滑套施工，应预埋压射泥浆管路。

七、封底和盖板

沉井达设计高程进行清基后，应在刃脚踏面以上至凹槽处浇注混凝土形成封底。混凝土达到设计强度后，可从井孔中抽干水并填满混凝土或其他圬工材料。封底混凝土底面承受地基土和水的反力，这就要求封底混凝土有一定的厚度(可由应力验算决定)。沉井封底混凝土厚度由计算确定，根据经验取不小于井孔最小边长的 1.5 倍，但其顶面应高出刃脚根部(即刃脚斜面的顶点处)不小于 0.5m。封底混凝土强度等级为非岩石地基不应低于 C25，岩石地基不应低于 C20。沉井封底后，若条件允许，为节省圬工量、减轻基础自重，可做成空心沉井基础，或仅填以砂石，此时井顶应设置钢筋混凝土盖板，以承托上部结构的全部荷载。

空心沉井应考虑强度和稳定的要求，盖板厚度一般为 1.5～2.0m。井孔中充填的混凝土，其强度等级不应低于 C15，钢筋配置由计算确定。

【学习实践】

1. 沉井基础的由哪几部分构成？在构造上各有什么要求？
2. 沉井井壁及刃脚有什么作用？
3. 沉井基础常用的材料有哪些？各适合什么情况下采用？
4. 按平面形式，沉井分为哪几类？各有什么特点？
5. 竖直式、倾斜式沉井有哪些特点？

【实践过程】

【学习心得】

通过本任务的学习，我的体会有..

....

....

....

....

....

....

....

....

....。

任务 4-3　沉井基础施工

【学习目标】

通过本任务的学习，要求学生熟悉以下内容：

1. 了解常见的沉井基础的施工设备及施工方法。
2. 熟悉旱地沉井的施工工艺及施工控制要点。
3. 熟悉水下沉井施工的施工工艺及施工注意事项。
4. 能够准确分析沉井施工中出现的各种问题。
5. 能根据所学知识分析并解决在不同地质环境中沉井施工出现的问题。

【学习内容】

4-3-1　旱地沉井施工

沉井的施工方法与墩台基础所在地点的地质和水文情况有关。施工前应详细了解场地的地质、水文和气象资料。做好河流汛期、河床冲刷、通航以及漂流物等的调查研究，并制订施工计划。尽量利用枯水季节进行施工，如施工必须经过汛期时，应采取相应的措施，以确保安全。本节以钢筋混凝土沉井为例，介绍其施工建造过程。

旱地沉井施工如图 4-7 所示，工序一般为：平整场地→测量放线→铺砂垫层、垫木或砌刃脚砖座→安装模板、绑扎钢筋骨架、预埋射水管→沉井浇筑→拆模→抽除垫木→沉井挖土下沉、接高、下沉→浇筑封底混凝土→填充井孔→施工盖板。

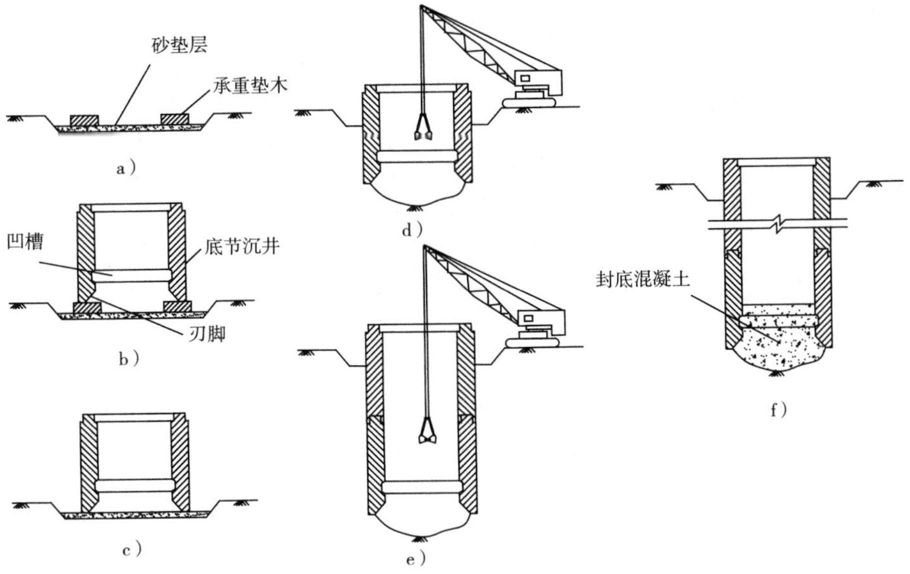

图 4-7　沉井施工主要工序示意图

a)铺砂垫层及垫木；b)沉井制作；c)抽取垫木；d)挖土下沉；e)接高沉井；f)混凝土封底

一、定位放样,整平场地

旱地沉井施工时,应首先根据设计图纸进行定位放样,即在地面上定出沉井的纵横两方向的中心轴线、基坑的轮廓线以及水准点等作为施工的依据。如天然地面土质较好,只需将地面杂物清掉并整平地面,就可在其上制造沉井。如天然地面土质较差,应整平夯实或换土夯实,以防沉井在混凝土浇筑之初因地面沉降不均而产生裂缝。在一般情况下,应在整平场地上铺设不小于 0.5m 厚的砂或砂砾层,目的是便于整平、支模及抽出垫木,同时,可使沉井的荷载通过砂垫层向下扩散。为了减小沉井的下沉深度,也可在基础位置处挖浅基坑,在坑底制造沉井下沉,基坑的平面尺寸比沉井平面尺寸大一些,即在沉井四周各加宽一根垫木长度以上,以确保垫木在必要时能向外抽出,同时还应考虑支模、搭设脚手架和排水等工作的需要,基坑底应高出地下水面 0.5～1.0m。

二、制造第一节沉井

由于沉井自重大,刃脚踏面处尺寸较小,应力集中,场地土往往承受不了这样大的压力。所以在整平的场地上应在刃脚踏面处对称铺满一层垫木以加大支承面积。垫木在平面布置上应均匀对称,每根垫木长度中心应与刃脚踏面中线相重合,以便把沉井重量较均匀地传到砂垫层上。垫木一般为方木,设置要考虑抽垫方便,其数量应使沉井重力在垫木下产生的压应力不大于 100kPa。垫木可单根或几根编组铺设,但组与组之间最少应留出 20～30cm 的间隙,以便工具能伸入间隙把垫木抽出。为了使垫木便于抽出,首先在抽出垫木时沉井井壁产生的正、负弯矩的大小接近相等的位置需设置一定数量的定位垫木;然后在刃脚位置处放上刃脚角钢,竖立内模,绑扎钢筋,立外模;最后灌注第一节沉井混凝土(图 4-8)。模板应有较大的刚度,以免发生挠曲变形,外模板应平滑,以利下沉。在场地土质较好处,也可采用土模。

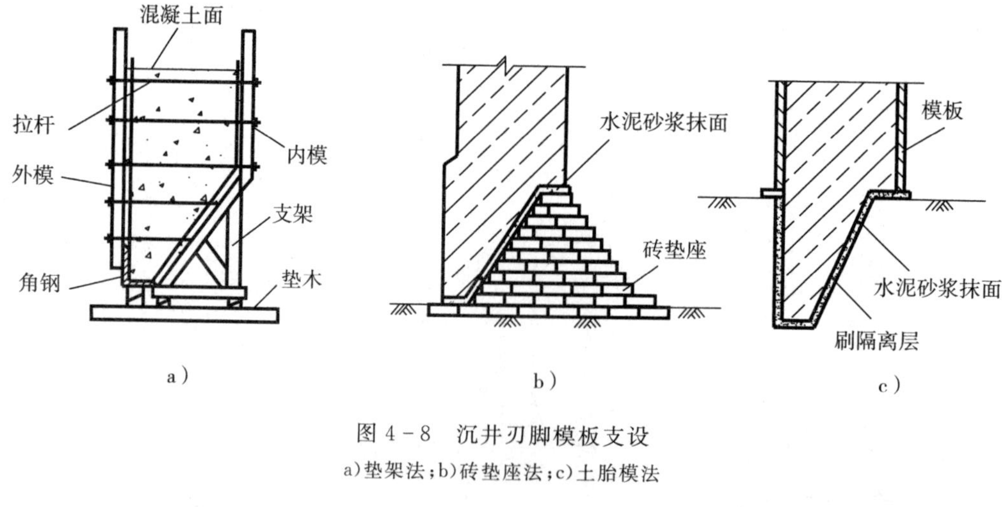

图 4-8　沉井刃脚模板支设

a)垫架法;b)砖垫座法;c)土胎模法

三、拆模及抽垫

混凝土达到设计强度的 75%时可拆除模板。达设计强度后才能抽撤垫木,抽撤垫木应分区、依次、对称、同步地进行，以免引起沉井开裂、移动或倾斜。其顺序是：先撤除内隔墙下的垫木，再撤除沉井短边下的垫木，最后撤除长边下的垫木。撤除长边下的垫木时，以定位垫木为中心，由远到近对称的撤除，最后撤除定位垫木。在抽垫木的过程中，每抽出一根垫木应立即用砂回填并捣实，以使沉井的重力转移到砂垫层上。

四、挖土下沉

沉井下沉施工可分为排水下沉和不排水下沉。

当沉井穿过的土层较稳定，不会因排水而产生大量流砂时，可采用排水下沉。排水下沉可采用人工用风动工具挖土、在沉井内用小型反铲挖土机挖土或在地面用抓斗挖土等方法。人工挖土适用于土层渗水量不大且排水时不会产生涌土或流砂的情况，挖土可使沉井均匀下沉和清除井内障碍物，但应采取措施切实保证施工安全。

开挖的要求：必须有规律、分层、对称地开挖，使沉井均匀下沉。排水下沉应严格控制设计支撑点土的排除，并随时注意沉井正位，保持竖直下沉，无特殊情况不采用爆破施工，在特殊情况下，经批准必须采用爆破时，应严格控制药量。

在井底挖土的办法依土层情况而异：

(1)遇到松软土层时，应由中间向四周分层开挖，均匀扩大。每层厚度不宜超过 50cm，一般挖到距离刃脚 1m 左右，沉井开始下沉，随即再挖中央部分；如沉井不下沉，可由中央再向周围挖一层，必要时可继续向刃脚挖进，但以距离刃脚 50cm 为限，不可掏挖刃脚。

(2)遇到砂夹卵石时，与松软土层相似，仍从中间向四周分层均匀开挖，但要挖的深一些，并向刃脚处多挖一些，沉井才能下沉，一般情况下，也不可掏挖刃脚。

(3)遇到坚硬黏土或固结卵石层时，刃脚下的土不会在沉井的自重作用下自行塌落，在这种情况下，可以掏挖刃脚，掏挖时可参照抽垫木的顺序分段开挖，每挖完一段后应立即用沙砾回填。一般最后几段掏挖之后，沉井即可下沉，如不下沉或下沉量很少时，可由内向外，分层均匀开挖回填的砂砾，使沉井下沉。

(4)沉井下沉至最后阶段到达岩层，对风化或软质岩层，可用风镐或风铲开挖，对较硬岩石应打眼爆破。

不排水下沉一般都采用机械除土，可以用抓土斗、水力吸泥机、空气吸泥机、水力吸石筒等除土。若遇黏土或胶结层，可采用高压水枪射水将土冲散辅助沉井下沉。抓土斗起吊出土，可利用吊车或吊船，既方便灵活，功效也高。采用挖土斗挖土时，应注意以下事项：

(1)为防止沉井突然下沉，造成偏斜，锅底不宜挖得过深，从刃脚底面算起，不得大于 1.5～2.0m。因此，抓土时应经常以测绳沿井壁探测挖掘深度，一般情况，沉井应均匀地随挖随沉，如果发现锅底的深度超过刃脚过多，沉井仍不下沉时应查明原因进行处理，不得盲目下挖，防止产生过大倾斜。

(2)沉井如有两个以上的取土井孔时，应注意均匀挖土，各个井孔内的高差不得超过 0.5m。

(3)井孔抓土时，要经常转动抓土斗的开口方向，使挖土均匀。

(4)在砂夹卵石较多时，为避免斗口夹石漏土，应适当降低起斗速度。

(5)挖出的土石应及时运走，不可在沉井外侧堆积，增加土压力引起坍塌，应经常检查，如发现土层开裂后吊车台发生变形，应及时处理。

沉井下沉至设计标高以上 2m 左右时，应适当放慢下沉速度，并控制井内除土量和除土位置，以使沉井平稳下沉，正确就位。

五、测量控制

沉井下沉过程中应加强位置、垂直度和标高（沉降值）的观测，每班至少测量两次，接近设计标高时应加强观测，每 2h 一次，预防超沉。由专人负责并做好记录，如有倾斜、位移和扭转，应及时纠正，使偏差控制在允许范围以内。

沉井位置的控制，是在沉井外部地面及井壁顶部四面设置纵横十字中心控制线，以控制位置，如图 4－9a 所示。

沉井垂直度的控制，是在井筒内按 4 或 8 等分标出垂直轴线，各吊一个线坠对准下部标板来控制（图 4－9b），并定时用两台经纬仪进行垂直偏差观测沉降值。挖土时，随时观测垂直度，当线坠离墨线达 50mm 或四面标高不一致时，即应纠正。

沉井下沉量的观测，是在井筒壁周围弹水平线，或在井外壁上两侧用油漆画出标尺，再用水准仪来进行标高控制。

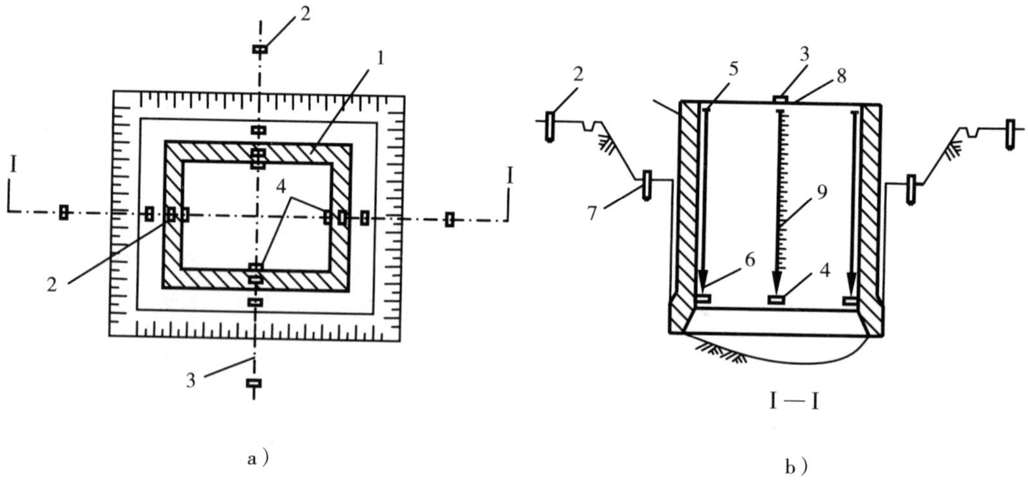

图 4－9　沉井下沉测量控制方法

1—沉井；2—中心线控制点；3—沉井中心线；4—钢标板；5—预埋铁件；6—线坠；7—下沉控制点；8—沉降观测点；9—井壁下沉标尺

六、接高沉井

当沉井顶面下沉至距地面还剩 1～2m 时，应停止挖土，接筑第二节沉井。接筑前应使第一节沉井位置正直，刃脚不得掏空，并尽量纠正上节沉井的倾斜，为防止在接高时突然下沉或倾斜，必要时应回填刃脚下的土。接高过程中接缝处凿毛顶面，然后立模应对称均匀的浇筑混凝土，待强度达设计要求后再拆模继续挖土下沉。

七、筑井顶围堰

如沉井顶面低于地面或水面，应在沉井上接筑防水的围堰，围堰的平面尺寸略小于沉井，其下端与井顶上预埋锚杆相连。围堰是临时性的，待墩台身出水后可拆除。常见的围堰有土围堰、砖围堰和钢板桩围堰。若水深流急，围堰高度大于 5m，宜采用钢板桩围堰。

八、地基检验与处理

沉井下沉至设计高程后，应对基底土质进行检验。若采用不排水下沉应进行水下检验，必要时可以用钻机取样。当基底达设计要求后，还应对地基进行必要的处理。地基为砂土或黏土，可以在其上铺一层砾石或碎石至刃脚底面以上 200mm。地基是风化岩石时，应将风化岩层凿掉，岩层倾斜时，应凿成阶梯形。若岩层与刃脚间局部有不大的孔洞，由潜水工清除软层并用水泥砂浆封住，待砂浆有一定强度后再抽水清基。不排水的情况下，可以由潜水工用水枪或吸泥机清基。总之，要保证井底地基平整，浮土及软土清除干净，并保证封底混凝土、沉井和地基紧密相连。

九、封底、填充井孔及浇筑顶盖

地基经检验、处理合格以后，应立即进行封底。封底方法有排水封底和不排水封底两种，宜尽可能采用排水封底。

1. 排水封底（干封底）

若采用排水下沉，渗水量上升速度小于等于 6mm/min 的情况下，可采用排水封底。先对井底进行修整使之成锅底形，由刃脚向中心挖放射形排水沟，填以卵石做成滤水暗沟，在中部设 2～3 个集水井，深 1～2m，井间用卵石盲沟相互连通，用潜水泵排出井底的水流汇集，保持地下水位低于基底面 0.5m 以下。

封底前在锅底铺一层 150～500mm 厚碎石或卵石层，再在其上浇一层厚 0.5～1.5m 的混凝土垫层，在刃脚下切实填严，振捣密实，以保证沉井的最后稳定。达到 50%设计强度后，在垫层上绑钢筋，两端伸入刃脚或凹槽内，浇筑封底混凝土。

封底混凝土与井壁接触面应冲刷干净，浇筑应在整个沉井面积上分层、不间断地进行，由四周向中央推进，每层厚 30～50cm，并用振捣器捣实。当井内有隔墙时，应前后左右对称地逐孔浇筑。

混凝土采用自然养护，养护期间应继续抽水。待底板混凝土强度达到 70%并经抗浮验算后，对集水井逐个停止抽水，逐个封堵。封堵方法是将滤水井中水抽干，迅速用干硬性的高强度混凝土进行堵塞并捣实，然后上法兰盘用螺栓拧紧或四周焊接封闭，上部用混凝土垫实捣平。

2. 不排水封底（水下封底）

当井底涌水量很大或出现流砂现象时，沉井应在水下进行封底。待沉井基本稳定后，将井底浮泥清除干净，新老混凝土接触面用水枪冲刷干净，并抛毛，铺碎石垫层。封底水下混凝土采用导管法浇筑，如图 4－10 所示。

待水下封底混凝土达到所需强度后（一般养护 7～14d），方可从沉井内抽水，检查封底情况，进行检漏补修，按排水封底方法施工钢筋混凝土底板，并填筑井内圬工。如果井内不填料或仅填砾石，井顶面应浇筑钢筋混凝土顶盖，然后砌筑墩身，墩身出土（或水面）后可以拆除临时性的井顶围堰。

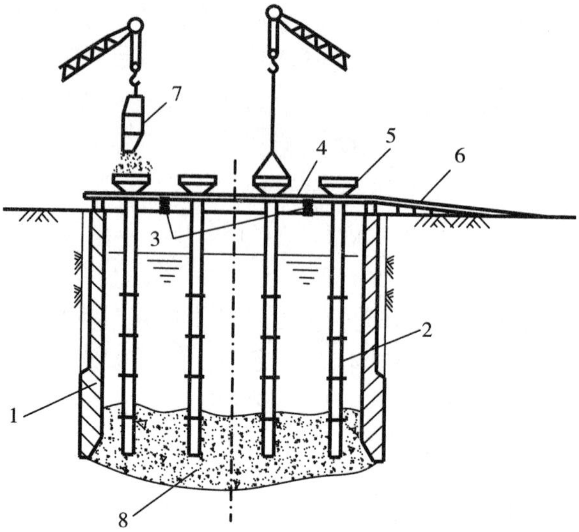

图 4-10　不排水封底导管法浇筑混凝土

1—沉井；2—导管；3—大梁；4—平台；5—下料漏斗；

6—机动车跑道；7—混凝土浇筑料斗；8—封底混凝土

4-3-2　水中沉井的施工

当基础处于水下时，沉井施工可以采用筑岛法或浮运法，一般根据水深、流速、施工设备及施工技术等条件确定。

一、筑岛法

水流流速不大，水深在 3～4m 以内，可以用水中筑岛的方法(图 4-11)，即先修筑人工砂岛，再在岛上进行沉井的制作和挖土下沉。

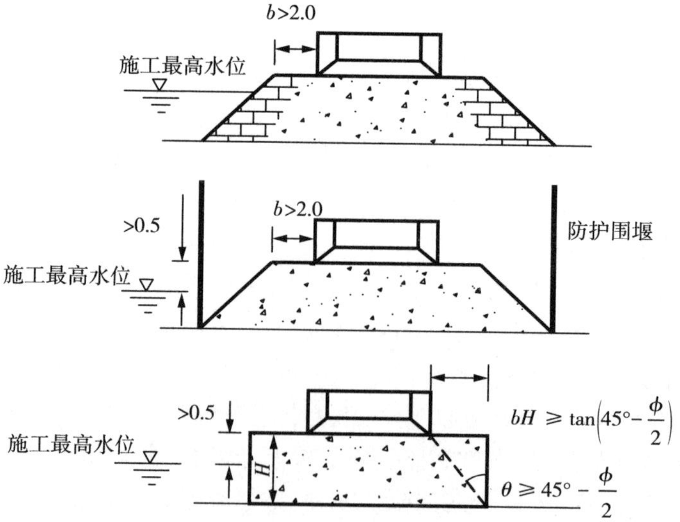

图 4-11　水上筑岛下沉沉井(单位：m)

筑岛前应清理河床上的淤泥和软土，筑岛的材料应用透水性好，易于压实的砂土、碎石、砾石、中砂或粗砂，不可使用粉砂、黏土、淤泥、黄土等，除用作护面材料，筑岛材料也不宜用影响岛体受力及抽垫下沉的大块材料。筑岛的施工期，应尽可能选择在河流的枯水季节，这样不仅可以减少筑岛的填方量，降低工程造价，而且施工较为安全。如果筑岛的施工期限必须经过汛期时，可采取分期建造，容许岛面汛期暂时过水等措施，以降低岛面高程，节约人力和物力，但应确保在汛期后，水流受压缩后，保证岛体稳定，坡面和坡脚不被冲刷，必要时采取防护措施。

常用的筑岛法有土岛、草袋围堰筑岛、板桩围堰筑岛、石笼围堰筑岛等。筑岛法与围堰法相比，不需要抽水，对岛体无防渗要求，构造简单，同时还可以就地取材，降低工程造价，施工方便。

不用围堰填筑的土岛，一般宜在水深较浅且流速不大时采用。制作沉井的岛面、平台面和开挖基坑施工的坑底标高，应比施工最高水位高出 0.5～0.7m，有流冰时，应再适当加高。筑岛尺寸应满足沉井制作及抽垫等施工要求，无围堰筑岛，宜在沉井周围设置不小于 1.5m 宽的护道。由于流速、水深及筑岛土质的不同，筑岛材料与容许流速可参考表 4-1。（如边坡用其他方法加固时，容许流速可不受表中数值的限制）

土岛施工时，水中土岛应由中央向四周均匀扩大，靠近河边的半岛可从岸边平行向前填筑。土岛投土料前，可在其上游修筑小型丁坝，或先抛块石做成护脚菱体，以形成静水区。当岛体露出水面时，因未压实尚在继续下沉，故应继续加高，但水面以上部分应分层捣实，直至岛体沉降稳定，并达设计高程为止。

表 4-1　筑岛材料与容许流速

筑岛材料	容许流速(m/s)		筑岛材料	容许流速(m/s)	
	土表面处	平均流速		土表面处	平均流速
细砂	0.25	0.3	中等砾石	1.0	1.2
粗砂	0.65	0.8	粗砾石	1.2	1.5

草袋围堰筑岛是先用草袋填装砂或土筑成围堰，然后再在围堰内填砂筑岛。这种岛比土岛减少阻水面积和填方数量。一般水深在 3.5m 以内，流速小于 1～2m/s 时采用。这种筑岛方式应在地基为砂、砂夹卵石或硬黏土等不易沉陷的基底时采用。对于淤泥或沉陷性的基底，应采用其他加固措施，或加大围堰边坡。草袋中可以装黏土也可以装砂土，但不宜装得太满，可装草袋容量的 1/2 或 1/3 即可。施工时要求草袋上下左右相错开，草袋分层之间，应用土填实，并堆放整齐。当流速较大时，外圈草袋宜改装小卵石或粗砂，以免流失。必要时还可以抛块石防护。

在水深流急的河道中，当直接填筑土岛或草袋围堰有困难，或因修建断面较大的土岛使河道阻水面积过大时，可采用板桩围堰筑岛。板桩有木板桩、混凝土板桩、钢板桩等。当水深较浅桩所受外力较小，圆形围堰时可采用单排板桩加固。当围堰为矩形，如设置支撑和拉杆影响沉井下沉时，可采用双排板桩加固。两排板桩之间可以填砂或土，内板桩只起锚固作用，不起挡土作用，为了节约材料，可间隔施打。板桩一般都在水上用打桩船施打，也可以将陆上打桩机置于平底的铁方驳上，或采用其他悬吊式导向架的起重船进行施打。

当沉井施工完后，在拆除板桩围堰时，有时因桩尖打卷、锁口变形、水下板桩锈蚀和摩阻力恢复等原因，使拔桩工作极为困难，因此，可采用拔前略为锤击，或用振动拔桩机拔出，必要时还应配合水下切割等措施。

钢板桩围堰筑岛，要考虑沉井重力对其产生的侧向压力。其护道宽度可按下式计算：

$$b \geqslant H\tan\left(45^\circ - \frac{\varphi}{2}\right) \tag{4-1}$$

其中，H——筑岛高度；

φ——筑岛土饱和水时的内摩擦角。

此外，沉井筑岛时的钢板桩围堰还需进行以下几个方面的计算：钢板桩或槽钢的断面面积、最小入土深度、拉杆的间距和截面面积以及整体的稳定性验算等。

二、浮运沉井施工

在深水河道中，水深如超 10m 时，筑岛法很不经济，施工也困难，可采用浮运法施工。即在岸边将沉井做成空体形式或采用其他措施（如带木底或装上钢气筒）使沉井浮于水上，利用在岸边铺成的滑道滑入水中，然后用绳索引到设计墩位。也可以在船坞内制成，再用浮船定位和吊放下沉，或利用潮汐水位上涨浮起，再浮运至设计位置。沉井就位后，在悬浮状态下，逐步将水或混凝土灌入空腔、徐徐下沉直至河底，若沉井较高，则分段制造，在悬浮状态下逐节接长及填充混凝土使它下沉至河底。但整个过程均需保证沉井本身足够的稳定性。当刃脚切入河床一定深度后，可按一般沉井下沉方法施工。

4-3-3　沉井下沉过程中遇到的问题及处理措施

一、沉井发生倾斜和偏移

沉井造成倾斜、偏移，常常有以下几个方面原因：

(1)人工筑岛被水流冲坏，或制作场地，河底高低不平。

(2)沉井刃脚下土层软硬不均或刃脚遇障碍物顶住而未及时发现。

(3)抽垫方法欠妥，没有对称地抽出垫木，或没有及时地回填夯实。

(4)没有均匀地挖土下沉，使得井孔内土面高度相差很大。

(5)挖土不均匀对称，下沉时有突沉或停沉现象，没有及时发现处理。

(6)刃脚制作质量差，井壁与刃脚中线不重合。

(7)由于井外弃土或其他原因造成对沉井井壁的偏压。

(8)排水下沉时，井内产生大量流砂等。

沉井开始下沉阶段，井体入土不深，下沉阻力较小，且由于沉井大部分还在地面以上，侧向土体的约束作用很小，所以沉井最容易产生偏移和倾斜。这一阶段应严格控制挖土的程序和深度，要注意均匀挖土。实际上沉井不可能始终是理想地竖直均匀下沉的，每沉一次，难免有些倾斜，继续挖土时，要根据倾斜的程度调整取土量的多少。所以在开始阶段，要经常检查沉井的平面位置，随时注意防止较大的倾斜。

按照公路桥涵施工技术规范要求，沉井沉至设计高程时，其位置误差应不超过下述规定：

(1)底面中心和顶面中心在纵横向的偏差不大于沉井高度的1/50，对于浮式沉井，允许偏差值还可增加25cm。

(2)沉井最大倾斜度不大于1/50。

(3)矩形沉井的平面扭角偏差(就地制作的沉井)不大于1°。

在下沉过程中应随时观测沉井的位置和方向，发现与设计位置有过大的偏差应及时纠正。如因沉井底部的一部分遇到了障碍物，致使沉井倾斜，应立即停止挖土，查清情况，采取针对措施排除障碍。遇到较小孤石时，可将障碍四周的土挖掉取出。如为较大的孤石或旧建筑物的残破圬工体，则可用小量爆破方法，使其变为碎块取出，但不能把炸药放在孤石表面临空爆破。对刃脚下的孤石应不使炮眼的最小抵抗线朝向刃脚，装药量应控制在0.2kg以内，并在其上压放土袋，以防炸损刃脚和井壁。遇到成层的大块卵石，可先清除覆盖的泥沙，然后找寻松动或薄弱处，用挖、铲、撬的办法挖掉。遇到钢件时，可切割排除。

当沉井的入土深度逐渐增大，沉井四周的土层对井壁的约束也相应增大，给沉井的纠偏工作带来很大困难，因此，当沉井的下沉深度较大时，纠正沉井的偏斜，关键在于破坏土层的被动土压力。高压射水管沿沉井高的一侧井壁外面插入土中，破坏土层结构，使土层的被动土压力大为降低，这时再采用上述方法，可使沉井的倾斜逐步得到纠正。

二、难沉

难沉即沉井下沉过慢或停沉。在沉井下沉的中间阶段，可能会开始出现下沉困难或停沉的现象，其主要原因有：

(1)开挖面深度不够，正面阻力大。

(2)偏斜或刃脚下遇障碍物或坚硬岩层和土层。

(3)井壁侧阻大于沉井自重。

(4)井壁无减阻措施或泥浆套、空气幕等遭到破坏。

通常可用以下几种助沉措施：

1. 加重法

沉井圬工尚未接筑完毕时，可利用接筑圬工压重助沉。也可以在井壁顶部用钢铁块件或其他重物压重助沉、除为纠正沉井偏斜外，压重应均匀对称。此法多在平面面积不大的沉井中使用。采用此法助沉时，应结合具体情况及实际效果选用。

2. 抽水法

对不排水下沉的沉井，可从井孔中抽出一部分水，从而减小浮力，增加向下压力使沉井下沉。此法对渗水性大的砂、卵石层，效果不大，对易发生流砂现象的土层也不宜采用。

3. 射水法

在井壁腔内的不同高度处对称地预埋几组高压射水管，在井壁外侧留有朝上方的射水嘴。高压水把井壁附近的土冲松，水沿井壁上升，起润滑作用，从而减小井壁摩阻力，帮助沉井下沉，此法对砂性土较有效。采用射水法，应加强下沉观测，掌握各孔的出水量，防止因射水不均匀而使沉井偏斜。

4. 炮震法

沉井下沉至一定深度后，如下沉有困难，可采用炮震法强迫沉井下沉。此法是在井孔的底部埋置适量的炸药，引爆后所产生的振动力，一方面减小了刃脚下土的反力和井壁上土的摩阻力，另一方面增加了沉井向下的冲击力，迫使沉井下沉。炮震助沉，要严格控制用药量，一般每个爆炸点用药量以 0.2kg 左右为宜，大而深的沉井可增至 0.3kg。不排水下沉时，炸药应放至水底，水较浅或无水时，应将炸药埋入井底数十厘米处，这样既不易炸坏沉井，效果也较好。如沉井有几个井孔，应在几个井孔内同时起爆。否则有可能使隔墙震裂，甚至会使沉井产生偏斜。有可能采用炮震法的沉井，结构上应适当加强，以免被炸坏，对下沉深度不大的沉井最好不采用此法。具体的使用应视沉井大小、井壁厚度及炸药性能而定，同一沉井每次只能起爆一次，并根据具体情况，适当控制炮震次数。

5. 采用泥浆润滑套

该法借助泥浆泵和输送管道将特制的泥浆压入沉井外壁与土层之间，在沉井外围形成一定厚度的泥浆层，将土与井壁隔开，起到润滑作用，从而大大降低沉井下沉中的侧阻力。同时也减少井壁圬工数量，加速沉井下沉，并具有良好的稳定性，但不宜用于卵石，砾石土层。这种泥浆的主要成分为黏土、水及适量的化学处理剂。一般的重量配合比为黏土 35%～45%、水 55%～65%、碳酸钠(Na_2CO_3)化学处理剂 0.4%～0.6%(按泥浆总重计)。黏土要选择颗粒细、分散性高，并具有一定触变性的微晶高岭土，塑性指数不小于 15，含砂率小于 6%。

泥浆的制备程序为：存放黏土→风干→碾碎→配料→搅拌→筛滤→储浆。

下沉时用的泥浆有三个特点。

(1)胶体稳定性：泥浆本身是稳定的，在长时间静置下没有水分的离析，保持泥浆适量的稠度，不发生土颗粒的沉淀。

(2)固壁性：泥浆和土壁接触不会大量失去水分，也不为地下水稀释，泥浆和土壁接触，失去少量的水分后，能形成一层不透水的固体颗粒胶结物即泥皮，维持内部泥浆的稳定。

(3)触变性：泥浆静止时流动性很小，在泥沟槽中能防止土体坍塌，在搅动时具有足够的流动性，便于工程使用。

泥浆润滑套的构成主要包括：射口挡板、地表围圈、压浆管。

射口挡板可用角钢或钢板弯制，置于每个泥浆射出口处固定在井壁台阶上，它的作用是防止泥浆管射出的泥浆直冲土壁而起缓冲作用，防止土壁局部坍落堵塞射浆口。

地表围圈是埋设在沉井周围保护泥浆的围壁(图 4-12)。它的作用是沉井下沉时防止土壁坍落，保持一定数量的泥浆储存量以保证在沉井下沉过程中泥浆补充到新造成的空隙内。通过泥浆在围圈内的流动，调整各压浆管出浆的不均衡。地表围圈的宽度即沉井台阶的宽度，其高度一般在 1.5～2.0m，顶面高出地面或岛面约 0.5m，圈顶面宜加盖，可用木板或钢板制作。

压浆管根据井壁的厚度有内管法和外管法，薄壁沉井宜采用外管法(图 4-13)。

沉井下沉过程中要勤补浆、勤观测，发现倾斜、漏浆等问题要及时纠正。当沉井沉到设计高程时，若基底为一般土质，因井壁摩阻力较小，会形成边清基边下沉现象，应压入砂浆换置泥浆，以增大井壁的摩阻力。另外，在卵石、砾石层中采用泥浆润滑套效果一般较差。

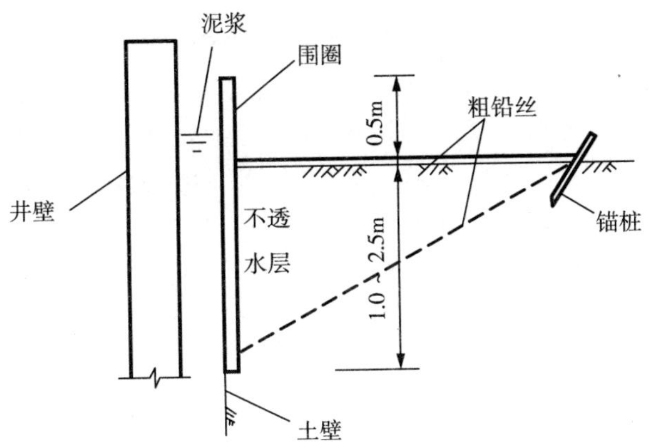

图 4－12　泥浆润滑套地表围圈

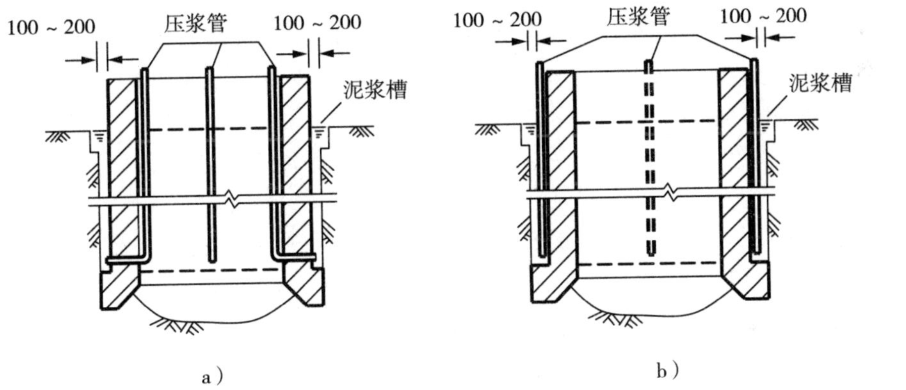

图 4－13　井内外压浆管布置图(单位：mm)

a)井内布置图；b)井外布置图

6. 气幕法

气幕法也是减少沉井下沉时井壁摩阻力的有效方法。它是通过从预先埋设在井壁四周的管道中压入高压空气，此高压空气在井壁上的喷气孔喷出，并沿井壁的外表面上升溢出地面，从而在井壁周围形成一层松动的含有气体和水的液化土层，此含气土层围绕沉井如同帐幕一般，故称气幕法。利用气幕减小土对沉井侧壁的摩擦力，从而达到减少圬工量，加快施工进度的目的。

施工时压气管分层分布设置，竖管可用塑料管或钢管，水平环管则采用直径 25mm 的硬质聚氯乙烯管，沿井壁外缘埋设。每层水平环管可按四角分为四个区，以便分别压气调整沉井倾斜。压气沉井所需的气压可取静水压力的 2.5 倍。

与泥浆润滑套相比，壁后压气沉井法在停气后即可恢复土对井壁的摩阻力，下沉量易于控制，且所需施工设备简单，可以水下施工，经济效果好。现认为在一般条件下较泥浆润滑套更为方便，它适用于细、粉砂类土和黏性土中，但设计方法和施工措施尚待积累更多的资料。

三、突沉

突沉常发生于软土地区，容易使沉井产生较大的倾斜或超沉。引起突沉的主要原因有：

(1)井壁侧阻较小，当刃脚下的土被挖除时，沉井支撑削弱。

(2)排水过多，挖土太深，出现塑流等。

防止突沉的措施一般是控制均匀挖土，在刃脚处挖土不宜过深，此外，在设计的时候可采用增大刃脚踏面宽度或增设底梁的措施提高刃脚阻力。

四、流砂

在粉、细砂层中下沉沉井，易出现流砂现象，若不采用适当的措施将造成沉井的严重倾斜。产生流砂的主要原因是土中动水压力的水头梯度大于临界值。故防止流砂的主要措施：

(1)排水下沉发生流砂时可向井内灌水，采取不排水除土，减小水头梯度。

(2)采用井点降水、深水降水和深井泵降水，降低井外水位，改变水头梯度方向使土层稳定，防止流砂发生。

【学习实践】

1. 沉井在下沉过程中常遇到哪些问题？
2. 沉井下沉过慢或停沉是什么原因导致的？有哪些处理办法？
3. 沉井下沉中发生突沉现象该如何解决？
4. 沉井下沉过程中流砂现象是如何产生的？该如何处理？
5. 旱地沉井施工需要哪些施工设备及施工准备？
6. 试说明旱地沉井施工的施工工艺。
7. 旱地沉井施工过程中需注意哪些问题？
8. 沉井挖土下沉有哪些方法？
9. 沉井封底有几种方法，各适合在什么情况下使用？
10. 水中沉井施工的需要做哪些施工准备？
11. 水中沉井施工的有哪两种方法？各适合在什么情况下使用？
12. 水中沉井施工过程中需注意哪些问题？
13. 试说明筑岛法的施工工艺及施工注意事项。
14. 试说明浮运沉井的施工工艺及施工注意事项。

【实践过程】

【学习心得】

通过本任务的学习，我的体会有……

……

……

……

……

……

……

……

……

……。

学习项目5　软弱地基

任务5－1　软弱地基的类型及处理方法分类

【学习目标】

通过本章节的学习，要求学生熟悉以下内容：

1. 了解软弱地基的类型和特性。
2. 知道软弱地基的处理方法。
3. 根据相关知识完成课后自测。

【学习内容】

5－1－1　概述

软弱土地基一般是指抗剪强度较低、压缩性较高的地基土。近年来，随着我国建设事业的蓬勃发展，各类建筑物的日益增多，建设工程越来越多地遇到不良地基。而上部结构荷载日益增大，变形要求更加严格，原来尚属良好的地基，也可能在新的条件下不能满足上部结构的要求。因此，地基处理问题也就显得更为常见和更加重要。

地基处理的目的是采取切实有效的措施，改善地基的工程性质，满足建筑物的要求。具体来说，可以概括为以下几个方面：

(1)提高地基的强度，增加其稳定性。

(2)降低地基的压缩性，减少其变形。

(3)减少其渗漏或加强其抵抗渗透变形的能力。

(4)改善地基的动力特性，提高其抗震性能。

在上述几个方面中，提高地基的强度和减少地基的变形是地基处理所应达到的基本的和常见的目的。

近几十年来，大量的土木工程实践推动了软弱土地基处理技术的迅速发展，地基处理的方法多样化，地基处理的新技术、新理论不断涌现并日趋完善，地基处理已成为基础工程领域中一个较有生命力的分支。

但必须指出，很多地基处理方法具有多重加固处理的功能，例如碎石桩具有置换、挤密、排水和加筋的多重功能；而石灰桩则具有挤密、吸水和置换等功能。地基处理的主要方法及加固原理，参见表 5－1。

表 5－1　地基处理方法和加固原理

<table>
<tr><th>分类</th><th colspan="3">处理方法</th><th>加固机理</th></tr>
<tr><td rowspan="8">物理处理</td><td>换土垫层法</td><td colspan="2">浅层局部挖出软弱土层，换填砾石、碎石、中粗砂或石灰土</td><td></td></tr>
<tr><td rowspan="2">挤密压实法</td><td>浅层</td><td>碾压、振动压实、重锤夯实</td><td rowspan="2">降低孔隙比、提高密实度</td></tr>
<tr><td>深层</td><td>强夯、砂桩、石灰桩、碎石桩</td></tr>
<tr><td rowspan="2">排水固结法</td><td>力学排水</td><td>砂井（袋装砂井、塑料排水板）、井点降水、真空负压排水</td><td rowspan="2">降低含水量</td></tr>
<tr><td>电学排水</td><td>电渗排水</td></tr>
<tr><td>加筋处理</td><td colspan="2">加筋土、土工织物、树根桩</td><td>复合地基，提高地基整体强度</td></tr>
<tr><td>热学处理</td><td colspan="2">热加固法、冻结加固法</td><td>降低含水量、改变土颗粒胶结类型</td></tr>
<tr><td rowspan="2">化学处理</td><td>灌浆胶结法</td><td colspan="2">硅化法、水泥灌注法</td><td rowspan="2">增加土颗粒黏聚力</td></tr>
<tr><td>搅拌法</td><td colspan="2">水泥（石灰）粉体搅拌、水泥浆体搅拌</td></tr>
</table>

表 5－1 中的各类地基处理方法，均有各自的特点和作用机理，在不同的土类中产生的加固效果不同，并均存在局限性。地基的工程地质条件是千变万化的，工程对地基的要求也是不尽相同的，材料、施工机具和施工条件等亦存在显著差别。因此，对于每一工程必须进行综合考虑，通过方案的比选，选择一种技术可靠、经济合理、施工可行的方案。可以采用单一的地基处理方法，也可以采用多种方法的综合处理方案。

5－1－2　软弱地基的类型

软弱地基系指主要含淤泥、淤泥质土、冲填土、杂填土或其他高压缩性土层构成的地基。在建筑地基的局部范围内有高压缩性土层时，应按局部软弱土层考虑。

一、软弱地基的类型和性质

1. 淤泥与淤泥质土

淤泥及淤泥质土是地质年代中第四纪后期形成的滨海相、澙湖相、三角洲相、溺谷相和湖沼相等黏性土沉积物。由于是在静水或缓慢流水环境中沉积，经生化作用形成，其组成颗粒细小，成分以黏粒和粉粒为主。这类土的天然含水量高于液限，孔隙比大于 1。其中天然孔隙比大于 1.5 者称为淤泥，而在 1.0～1.5 称为淤泥质土。淤泥和淤泥质土在工程上统称为软土。

软土的沉积环境可以是海岸、湖泊、河滩和沼泽，因此分布较广。如长江口、珠江口的三角洲沉积；天津塘沽、浙江宁波、江苏连云港等地的滨海相沉积；闽江口平原的溺谷相沉积；浙江温州的潟湖相沉积；洞庭湖、太湖以及昆明滇池等地区的内陆湖泊相沉积；河滩沉积常见于各大中河流的中下游地区；沼泽沉积在内蒙古、东北大小兴安岭及西南森林地区等分布广泛。

软土具有如下物理力学特征。

(1)含水量高、孔隙比大。软土主要由黏粒及粉粒组成，常呈絮状结构，并含有机质。因而其天然含水量一般高于液限，有的可高达200%。孔隙比大于1，一般在1.0～2.0之间，少数可达5.8。

(2)压缩性高。压缩系数通常在0.5～2.0MPa^{-1}变化，个别可高达4.2MPa^{-1}。其压缩性随液限的增大而增高。

(3)抗剪强度低。抗剪强度与加荷速度及排水条件密切相关。根据土工试验的结果，我国软土的天然不排水抗剪强度一般小于20kPa，其变化范围在5～25kPa之间。

(4)渗透性差。其渗透系数一般为1×10^{-6}～1×10^{-8}cm/s，所以在荷载作用下固结速率很慢。

(5)具有明显的结构性。软土一般为絮状结构，尤以海相黏土更为明显。这种土一旦受到扰动，土的强度将显著降低。我国沿海软土的灵敏度一般为4～10，属于高灵敏度的土。

(6)具有明显的流变性。在恒定荷载作用下，软土受剪应力的作用将产生缓慢的剪切变形，并可能导致抗剪强度的衰减，在主固结沉降末期还可能产生可观的次固结沉降。另外，在生成条件的影响下，软土构造比较复杂，常带成层性，使土层具有各向异性。

综上所述，软土由于具有强度低、压缩性高、渗透性低，且具有高灵敏度和流变性等特点。因而，软土地基上建筑物沉降量大，沉降稳定时间长。如不认真对待，常会因沉降差过大而导致建筑物开裂破坏，甚至产生地基整体滑动的危险。因此，在软土地基上建造建筑物，往往需要对软土地基进行加固处理。

软土由于沉积年代、环境的差异，成因的不同，它们的成层情况、粒度组成、矿物成分有所差别，工程性质有所不同。不同沉积类型的软土，其物理性质指标虽较相似，但工程性质并不很接近，不应借用。软土的力学性质参数宜尽可能通过现场原位测试取得。

2. 杂填土

杂填土是由人类活动形成的建筑垃圾、工业废物和生活垃圾而任意堆填而成的。由于任意堆填而成，其必然存在结构松散、密实度低的缺陷。其工程性质表现为强度低、压缩性高，往往均匀性也差。尤其是生活垃圾一类，成分复杂，常见内含腐殖质以及亲水性和水溶性物质，将导致地基产生大的沉降及浸水湿陷性。故建筑场地遇有生活垃圾土一般应予以清除。遇有面广层厚、性能稳定的工业废料堆积物，也包括部分堆积年代久远的建筑垃圾，宜先对其进行详尽的勘察，然后研究其处理技术的可能性和经济利用的合理性。同时应该注意的是，工业废料中可能包含某些对人体、建筑材料或环境有害的成分。如果加以利用，应研究确定可靠的防治措施。

3. 冲填土

冲填土是水力冲填泥沙形成的，其成分和分布规律与冲填时的泥沙来源及水力条件有密切关系。由于水力分选作用，在冲填的入口处，土颗粒较粗，而到出口处则逐渐变细。有时在冲填过程中，泥沙的来源有变化，造成冲填土在纵横方向的不均匀性。若冲填物是以黏性土为主，土中含有大量水分，且难于排出，则在其形成初期常处于流动状态。这类土属于强度较低和压缩性较高的欠固结土。在冲填土地基上建造房屋，应具体分析它的状态，考虑它的不均匀性和是否处于欠固结状态。

4. **其他高压缩性土**

饱和松散粉细砂及部分粉土，在机械振动、地震等动力荷载的重复作用下，有可能会产生液化或震陷变形。另外，在基坑开挖时，也可能会产生流砂或管涌，因此，对于这类地基土，往往需要进行地基处理。

二、软土地基基础工程应注意的事项

软土地基的强度、变形和稳定是工程中必须全面、充分注意的问题。从目前国内的勘察、设计、施工的现状出发，在软土地基上修筑公路从基础工程的角度出发，应注意下列一些事项。

1. **要取得具有代表性的地质资料**

软土地基上公路的设计与施工质量很大程度上取决于地质资料的真实性和代表性，应认真收集沿线的地形、地貌、工程地质、水文地质、气象等资料，合理地利用钻探、触探、十字板剪切等现场综合勘探测试方法，做好软土地基各层土样的物理、力学、水理性质的室内试验，并对上述各项资料进行统计与分析，选择有代表性的技术指标作为设计和施工的依据。

2. **软土地基路堤处治设计应注意的事项**

(1)软土路堤的稳定性分析

(2)软土路堤的变形分析

(3)软土地基处理方案的合理选择

(4)观测和试验

3. **软土地区的桥涵基础设计应注意的事项**

1)全面掌握相关资料，合理布设桥涵

在软土地区，桥梁位置(尤其是大型桥梁)既要与路线走向协调，又要注意构造物对工程地质的要求，如果地基土层是深、厚软黏土，特别是淤泥、泥炭和高灵敏度的软土，不仅设计技术条件复杂，而且将给施工、养护、运营带来许多困难，工程造价也将增大，应力求避免；另外选择软土较薄、均匀、灵敏度较小的地段可能更为有利。对于小桥涵，可优先考虑地表"硬壳"层较厚、下卧层为均匀软土处，以争取采用明挖刚性扩大基础，降低造价。

在确定桥梁总长、桥台位置时，除应考虑泄洪、通航要求外，宜进一步结合桥台和引道的结构和稳定考虑。如能利用地形、地质条件，适当的布置或延长引桥，使桥台置于地基土质较好或软土较薄处，以引桥代替高路堤，减少桥台和填土高度，有利于桥台、路堤结构的稳定。在造价、占地、养护费用、运营条件等通盘考虑后，在技术上、经济效益上都是合理的。

软土地基上桥梁宜采用轻型结构，减轻上部结构及墩台自重。由于地基易产生较大的不均匀沉降，一般以采用静定结构或整体性较好的结构为宜。如桥梁上部可采用钢筋混凝土空心板或箱形梁；桥台采用柱式、支撑梁轻型桥台或框架式等组合式桥台；桥墩宜用桩柱式、排架式、空心墩等；涵洞宜采用钢筋混凝土管涵、整体基础钢筋混凝土盖板涵、箱涵，以保证涵身刚度和整体性满足要求。

2）软土地基桥梁基础设计应注意事项

我国在软土地区的桥梁基础，常用的是桩基础，也有用沉井基础的，现结合软土地基的特点，介绍设计时应注意的几个问题。

（1）桩基础

在较深厚的软土地基，大中型桥梁常采用桩基础，它能获得较好的技术效果，达到经济上合理，应是首选的方案。施工方法可以是打入桩、钻孔灌注桩等。要求基桩穿过软土深入硬土（基岩）层以保证足够的承载力和很小的沉降量。软土很厚需采用长的摩擦桩时，应注意桩底软土承载力和沉降的验算，必要时可对桩周软土进行压浆处理或做成扩底桩。

打入桩的桩距较一般土质应适当加大，并注意安排好桩的施打顺序，避免已打入的邻桩被挤移或上抬，影响质量。钻孔灌注桩一般应先试桩取得施工经验，避免成孔时发生缩孔、坍孔。

软土地基桩基础设计中，应充分注意地基软土侧向移动对基桩的影响，以及地基软土下沉对基桩产生的负摩阻力。

第一，地基软土侧向移动对基桩的影响。在软土上桩基础的桥台、挡墙等，由于台后填土重力的挤压，地基软土侧向移动，桩土间产生附加水平压力，引起桩身挠曲，使桥台后仰或向河槽倾移，甚至发生基桩折损等事故。

为了避免桥台后仰前倾，可采取加强桩顶约束及平衡（或减少）土压力的措施，如采用低桩承台、埋置式桥台或台前加筑反压护道和挡墙，也可采用刚度较大的基桩和多排桩基础（打入桩可采用部分斜桩），对软土地基加载预压等。

第二，地基软土下沉对基桩的影响。软土下沉使基桩承受到负摩阻力，将产生较大的沉降或使桩身纵向压屈破坏，必须予以重视。

（2）沉井基础

在较厚较软弱土上下沉沉井，往往因下沉速度较快而发生沉井倾斜、位移等，应事先注意采取防备措施，如选用轻型沉井、平面形状宜采用圆形或长宽比较小的矩形、立面形状宜采用竖直式等，施工时尽量对称挖土控制均匀下沉并及时纠偏。

【学习实践】

1. 软弱地基系指主要含________、________、________、________或其他________构成的地基。

2. 简述地基处理的目的。

3. 简述地基处理方法和加固原理。

4. 软土地基桥梁基础设计应注意哪些事项？

【实践过程】

【学习心得】

通过本节的学习，我的体会有……………………

……………………

……………………

……………………

……………………

……………………

……………………

……………………

……………………

……………………。

任务5－2　软弱地基的处理

【学习目标】

通过本章节的学习，要求学生熟悉以下内容：

1. 了解换土垫层加固机理及适用范围。
2. 了解排水固结法加固机理及适用范围。
3. 了解挤(振)密法加固机理及适用范围。
4. 了解化学固化法加固机理及适用范围。
5. 了解土工合成材料加筋法加固机理及适用范围。
6. 熟悉常见问题的处理。
7. 根据相关知识完成课后自测。

【学习内容】

5－2－1　换土垫层法

一、加固机理及适用范围

换土垫层法是将天然软弱土层挖去或部分挖去，分层回填强度较高，压缩性较低且性能稳定，无腐蚀性的砂石、素土、灰土、工业废渣等材料，将其夯(振)实至所要求的密度后作为地基的垫层。

换土垫层主要作用如下。

(1)提高基底持力层的承载力。地基中的剪切破坏是从基础底面以下边角处开始的，随着基底压力的增大而逐渐向深部发展。因此，当基底面以下浅层范围内可能被剪切破坏的软弱土被强度较高的垫层材料置换后，承载能力可以提高。

(2)减少沉降量。一般情况下，基础下浅层的沉降量在总沉降量中所占的比例较大。由土体侧向变形引起的沉降，理论上也是浅层部分占的比例较大。因而以垫层材料代替软弱土层，可以大大减少沉降量。

(3)加速地基的排水固结。用砂石作为垫层材料时，由于其透水性强，在地基受压后垫层便是良好的排水体，可使下卧层中的孔隙水压力加速消散，从而加速其固结。

(4)防止冻胀。采用颗粒粗大的材料如碎石、砂等作为垫层，可以降低甚至不产生毛细水上升现象，因而可防止因孔隙水结冰而导致的冻胀。

(5)消除地基的湿陷性和胀缩性。在湿陷性黄土地基中，采用素土和灰土垫料，置换基础底面下一定范围内的湿陷性土层，可免除土层浸水后湿陷变形的发生或减少土层湿陷沉降量。因为垫层可作为地基的防水层，减少了下卧天然黄土层浸水的可能性。采用非膨胀性的黏性土、砂、碎石、灰土以及矿渣等置换膨胀土，可以减少地基的胀缩变形量。

换土垫层法适用于淤泥、淤泥质土、湿陷性黄土、膨胀土、素填土、杂填土、季节性冻土地基以及暗沟等的浅层处理。在各种置换材料中，砂土垫层是最常用的形式。

二、砂砾垫层的设计计算

换土垫层法设计的主要指标是垫层厚度和宽度，一般可将各种材料的垫层设计都近似地按砂砾垫层的计算方法进行设计。

1. 砂砾垫层厚度及宽度的确定

砂砾垫层厚度计算实质上是软弱下卧层顶面承载力的验算，计算方法有多种。

一种方法是按弹性理论的土中应力分布公式计算，即将砂砾垫层及下卧层视为均质半无限弹性体，在基底附加应力作用下，计算不同深度的各点土中附加应力并加上土的自重应力，同时以第二章所介绍的“规范”方法计算地基土层随深度变化的容许承载力，并以此确定砂垫层的设计厚度，如图 5-1 所示；也可将加固后的地基视为上层坚硬、下层软弱的双层地基，用弹性力学公式计算。

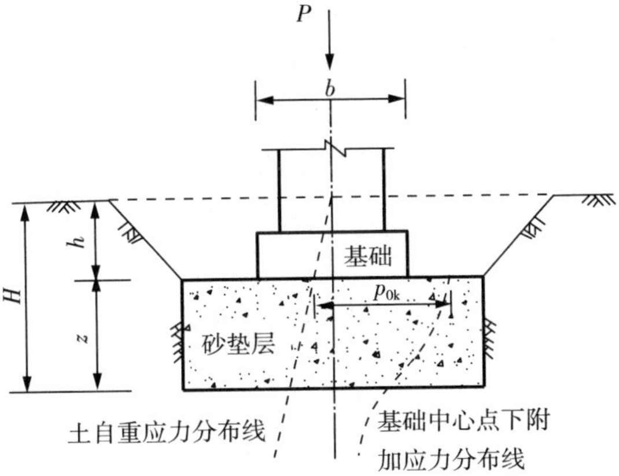

图 5-1　砂垫层及应力分布

另一种是我国目前常用的近似按应力扩散角进行计算的方法，即认为砂砾垫层以“θ”角向下扩散基底附加压力，到砂砾垫层底面（下卧层顶面）处的土中附加压应力与土中自重应力之和不超过该处下卧层顶面地基深度修正后的容许承载力，如图 5-2 所示。垫层的厚度 z 应根据下卧层的承载力确定，并符合下列公式要求：

$$p_{0k}+p_{gk}\leqslant\gamma_R[f_a] \tag{5-1}$$

条形基础：

$$p_{0k}=\frac{b(p'_{0k}-p'_{gk})}{b+2z\cdot\tan\theta} \tag{5-2}$$

矩形基础：

$$p_{0k}=\frac{bl(p'_{0k}-p'_{gk})}{(b+2z\cdot\tan\theta)(l+2z\cdot\tan\theta)} \tag{5-3}$$

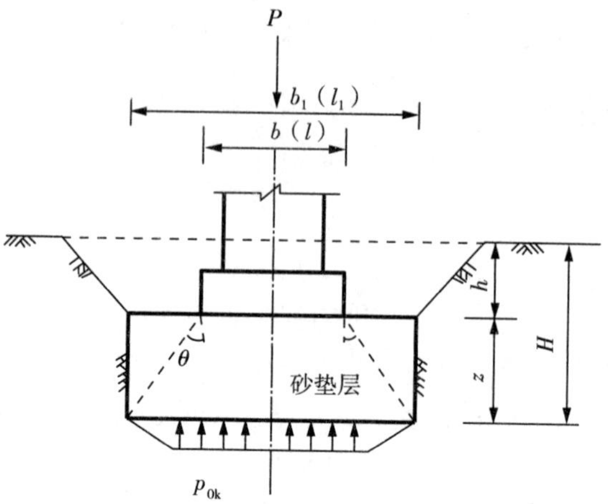

图 5－2　砂垫层及应力扩散图

其中，p_{0k}——垫层底面处的附加压应力(kPa)；

p_{gk}——垫层底面处土的自重压应力(kPa)；

$[f_a]$——垫层底面处地基的承载力容许值(kPa)；

b——矩形基础或条形基础底面的宽度(m)；

l——矩形基础底面的长度(m)；

p'_{0k}——基础底面压应力(kPa)；

p'_{gk}——基础底面处的自重压应力(kPa)；

z——基础底面下垫层的厚度(m)；

θ——垫层的压力扩散角，可按表 5－2 采用。

注：条形基础为长宽比等于或大于 10 的矩形基础。

表 5－2　垫层压力扩散角 θ(°)

垫层材料 / z/b	中砂、粗砂、砾砂、圆砾、角砾、卵石、碎石
≤0.25	20
≥0.5	30

注：当 $0.25<z/b<0.5$ 时，θ 值可内插确定。

垫层的宽度应满足基底压力扩散的要求，可按式(5－4)或根据当地经验确定。

$$b_1=b+2z\cdot\tan\theta \tag{5-4}$$

其中，b_1——垫层底面宽度(m)。

垫层承载力容许值$[f_{cu}]$宜通过现场确定，当无试验资料时，可参考表 5－3 选取。

表 5-3　各种垫层承载力容许值[f_{cu}]

施工方法	垫层材料	压实系数 λ_c	承载力容许值(kPa)
碾压、振密或夯实	碎石、卵石	0.94～0.97	200～300
	砂夹石(其中碎石、卵石占总质量 30%～50%)		200～250
	土夹石(其中碎石、卵石占总质量 30%～50%)		150～200
	中砂、粗砂、砾砂		150～200

注:①压实系数 λ_c 为土的控制干密度 ρ_d 与最大干密度 ρ_{dmax} 的比值。土的最大干密度宜采用击实试验确定;碎石最大干密度可取 2.0～2.2t/m^3。

② 当采用轻型击实试验时,压实系数 λ_c 宜取高值;采用重型击实试验时,压实系数 λ_c 可取低值。

2. 基础最终沉降量的计算

砂砾垫层地基的沉降量,可按下列公式计算:

$$s=s_{cu}+s_s \tag{5-5}$$

$$s_{cu}=p_m \cdot \frac{h_z}{E_{cu}} \tag{5-6}$$

其中,s——砂砾垫层地基沉降量(mm);

s_{cu}——垫层本身的压缩量(mm);

s_s——下卧层沉降量(mm);

p_m——垫层内的平均压应力(MPa),即基底平均压应力与砂砾垫层底平均压应力的平均值;

h_z——砂砾垫层厚度(mm);

E_{cu}——砂砾垫层的压缩模量(MPa),如无实测资料时,可采用 12～24MPa。

三、砂砾垫层的施工

1. 垫层材料选用

垫层材料要求就地取材,但必须符合质量要求。砂砾垫层材料可采用中砂、粗砂、砾砂和碎(卵)石,具体要求如下。

(1)砂石。最大粒径不宜大于 50mm。应级配良好,不含植物残体、垃圾等杂质。当使用粉细砂时,应掺入不少于总重 30%的碎石或卵石。对湿陷性黄土地基,不得选用砂石等渗水材料。

(2)粉质黏土。土料中有机质含量不得超过 5%,亦不得含有冻土或膨胀土。当含有碎石时,其粒径不宜大于 50mm。用于湿陷性黄土地基的粉质黏土垫层,土料中不得夹有砖、瓦和石块。

(3)灰土。体积配合比以 2∶8 或 3∶7 为宜。土料宜用粉质黏土,不宜使用块状黏土和砂质粉土,不得含有松软杂质,并应过筛,其颗粒不得大于 15mm。灰土宜用新鲜的消石灰,其颗粒不得大于 5mm。

(4)工业废渣。要求质地坚硬、性能稳定和无侵蚀性，其最大粒径及级配宜通过试验确定。

2. 施工要点

(1)粉质黏土、灰土宜采用平碾或羊足碾。当有效夯实深度范围内的土体饱和度小于并接近0.6时，可采用重锤夯实。砂石等宜用振动碾和振动压实机。

(2)砂砾垫层应分层填筑，分层压实。要求分层压密达到设计要求的密实度(应在90%以上)。分层厚度、压实遍数应根据具体方法和机具确定，一般为15～20cm。

(3)根据不同的施工方法确定材料的最佳含水率。

(4)不要扰动垫层下的软弱土层，防止践踏、受冻、浸泡或曝晒过久；在基坑挖好经检验后，应迅速进行垫层材料铺压。

(5)垫层底面宜尽量水平。

3. 垫层质量检验

每夯压完一层，应检验该层的压实系数。当压实系数符合设计要求后，才能铺填上层土。

当采用环刀法取样时，取样点应位于每层2/3深度处。

5-2-2 排水固结法

一、加固原理及适用范围

排水固结法又称预压法，其实质是利用地基受荷排水固结的规律，采用不同的加荷载方式和不同的排水措施处理饱和软黏土的一种方法，它的基本原理可用图5-3来说明。在 $e-\sigma'$ 压缩曲线中，当试样的天然压力为 σ_0' 时，对应的孔隙比为 e_0，如图中的 a 点。在压力增加 $\Delta\sigma$ 后(至固结完成时为 $\Delta\sigma'$)，曲线延至 c 点，孔隙比减少了 Δe。而如果卸荷后再压缩，由于预压的变形不能完全恢复，仅能达到图中的 b 点，则固结压力同样从 σ_0' 增加 $\Delta\sigma'$，

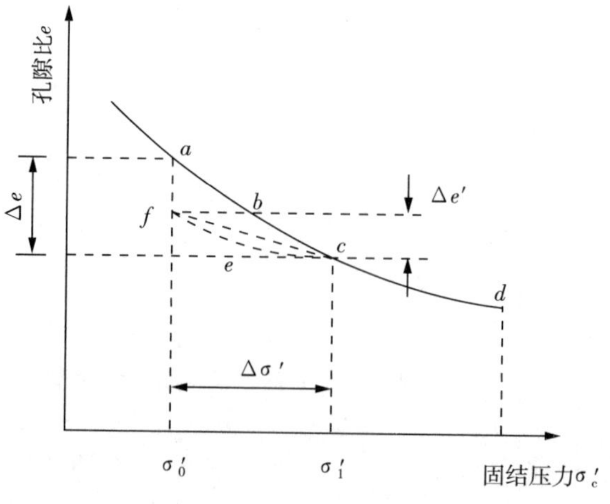

图5-3　排水固结减小地基土沉降原理

而孔隙比仅减少 $\Delta e'$，$\Delta e'$ 比 Δe 小得多。对照工程实际，即在预压固结阶段土层的总变形为 Δe，卸荷回弹后建筑荷载的再压缩量为 $\Delta e'$，而 $\Delta e' \ll \Delta e$。排水固结法就是利用这一变化规律，使得被处理的软弱土工后沉降量减少。

由太沙基的渗透固结理论可知，为使土体加速排水固结，最有效的措施是缩短排水距离。应用这一原理的排水预压法由加压系统和排水系统两部分组成，按其加压方法的不同可分为：堆载预压法、砂井预压法、真空预压法、降水预压法、电渗预压法和联合预压法。每类方法按其排水方式的不同再分成一些具体方法，如堆载预压法又可分为砂井预压法、袋装砂井预压法和塑料板排水预压法。

二、天然地基堆载预压法

天然地基堆载预压法是在建筑物施工前，用与设计荷载相等（或略大）的预压荷载（如砂、土、石等重物）堆压在天然地基上，使地基软土得到压缩固结以提高其强度（也可以利用建筑物本身的重量分级缓慢施工），减少施工后的沉降量，待地基承载力、变形达到设计预期要求后，将预压荷载撤除，在经预压的地基上修建建筑物。此方法费用较少，但工期较长。如软土层不太厚，或软土中夹有多层细、粉砂夹层渗透性能较好，不需很长时间就可获得较好预压效果时可考虑采用，否则排水固结时间很长，应用就受到限制。

三、砂井堆载预压法

软黏土渗透系数很低，为了缩短加载预压后排水固结的时间，对较厚的软土层，常在地基中设置排水通道，使土中孔隙水较快排出。可在软黏土中设置一系列的竖向排水通道（砂井、袋装砂井或塑料排水板），在软土顶层设置横向排水砂砾垫层如图 5－4 所示，借此缩短排水途程，增加排水通道，改善地基渗透性能。

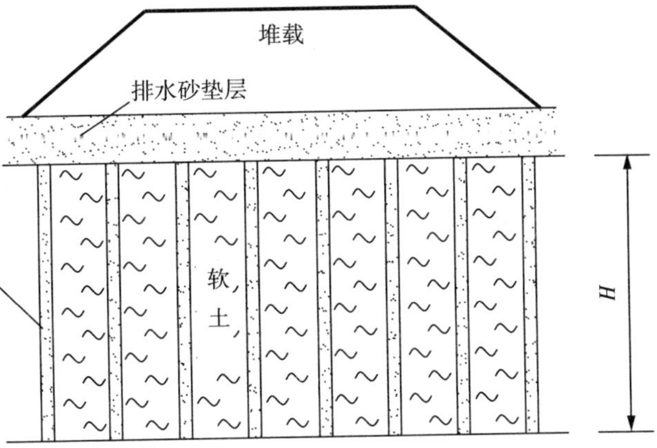

图 5－4　砂井堆载预压

砂井预压法适用于处理淤泥质土、淤泥和冲填土等饱和黏性土地基。

砂井预压法主要有普通砂井、袋装砂井和塑料排水板等。普通砂井直径 d_w 可取 300～500mm，袋装砂井直径 d_w 可取 70～100mm。塑料排水板当量换算直径可按式（5－7）计算：

$$D_p = \alpha \frac{2(b+\delta)}{\pi} \tag{5-7}$$

砂井的深度应根据桥涵对地基的稳定性和变形的要求，以及施工机械的最大施工深度综合考虑确定。

对于以地基抗滑稳定性为主要因素的结构，如拱式结构的墩台，砂井深度至少应超过最危险滑动面 2m。

对于以沉降控制的桥涵，如压缩土层厚度不大，砂井深度宜贯穿压缩层；对压缩土层深厚时，砂井深度应根据在限定的预压时间内需消除的变形量确定；若施工设备条件满足不了设计要求，则可采用超载预压等方法来满足工程要求。

砂井预压法处理地基应在地表铺设排水砂砾垫层，其厚度宜大于 400mm。砂砾垫层砂料宜用中粗砂，含泥量应小于 5%，砂料中可混有少量粒径小于 50mm 的石粒。砂砾垫层的干密度应大于 $1.5t/m^3$。

在预压区内宜设置与砂砾垫层相连的排水盲沟，并把地基中排出的水引出预压区。

砂井的砂料宜用中粗砂，含泥量应小于 3%。

用普通砂井法处理软土地基，如地基土变形较大或施工质量稍差，常会出现砂井被挤压截断，不能保持砂井在软土中排水通道的畅通，影响加固效果。近年来出现了以袋装砂井和塑料排水板代替普通砂井的方法，避免了砂井不连续的缺点，而且施工简便可靠，加快了地基土的固结，节约用砂，在工程中得到日益广泛的应用。

目前国内应用的袋装砂井，砂袋可采用聚丙烯或聚乙烯等长链聚合物编织制成，应具有足够的抗拉强度、耐腐蚀、对人体无害等特点。装砂后砂袋的渗透系数不应小于砂的渗透系数。灌入砂袋的砂应为中、粗砂并振捣密实。砂袋留出孔口长度应保证伸入砂垫层至少 300mm，并不得卧倒。

袋装砂井的施工已有相应的定型埋设机械，与普通砂井相比，优点是：施工工艺和机具简单、用砂量少；它间距较小，排水固结效率高，井径小，成孔时对软土扰动也小，有利于地基土的稳定，有利于保持其连续性。

塑料排水板预压法是将塑料排水板用插板机插入加固的软土中，然后在地面加载预压，使土中水沿塑料板的通道溢出，经砂垫层排除，从而使地基加速固结。

塑料板排水与普通砂井比较具有如下优点。

(1)塑料板由工厂生产，材料质地均匀可靠，排水效果稳定。

(2)塑料板重量轻，便于施工操作。

(3)施工机械轻便，能在超软弱地基上施工；施工速度快，工程费用便宜。

塑料排水板所用材料、制造方法不同，结构也不同，基本上分两类。一类是用单一材料制成的多孔管道的板带，表面刺有许多微孔(图 5-5a)；另一类是两种材料组合而成，板芯为各种规律变形断面的芯板或乱丝、花式丝的芯板，外面包裹一层无纺土工织物滤套(图 5-5b)。

目前应用的塑料排水板产品成卷包装，每卷长约数百米，用专门的插板机插入软土地基，先在空心套管装入塑料排水板，并将其一端与预制的专用钢靴连接，入地基下预定高程处，拔出空心套管。由于土对钢靴的阻力，塑料板留在软土中，在地面将塑料板切断，即可移动插板机进行下一个循环作业。

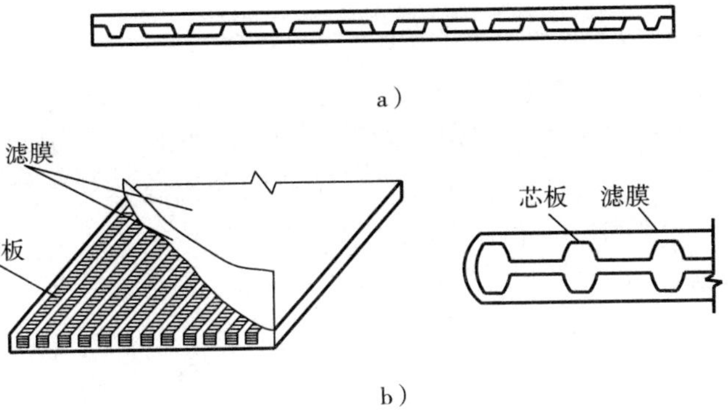

图 5－5　塑料排水板构造示意图

a)多孔质单一结构型塑料排水板;b)复合结构型塑料排水板

四、真空预压法和降水位预压法

真空预压法实质上是以大气压作为预压荷重的一种预压固结法。在需要加固的软土地基表面铺设砂砾垫层,然后埋设垂直排水通道(普通砂井、袋装砂井或塑料排水板),再用不透气的封闭薄膜覆盖软土地基,使其与大气隔绝,薄膜四周埋入土中,通过砂砾垫层内埋设的吸水管道,用真空泵进行抽气,使其形成真空。当真空泵抽气时,先后在地表砂砾垫层及竖向排水通道内逐渐形成负压,使土体内部与排水通道、垫层之间形成压力差,在此压力差作用下,土体中的孔隙水不断排水,从而使土体固结。

降低水位预压法是借井点抽水降低地下水位,以增加土的自重应力,达到预压目的。其降低地下水位原理、方法和需要设备基本与井点法基坑排水相同。地下水位降低使地基中的软弱土层承受了相当于水位下降高度水柱的重量而固结,增加了土中的有效应力。这一方法最适用于渗透性较好的砂土、粉土或在软黏土层中存在砂土层的情况,使用前应摸清土层分布及地下水位情况等。

采用各种排水固结方法加固后的地基,均应进行质量检验。检验方法可采用十字板剪切试验、旁压试验、载荷试验或常规土工试验,以测定其加固效果。

5－2－3　挤(振)密法

在不发生冲刷或冲刷深度不大的松散土地基(包括松散中、细、粉砂土,粉土,松散细粒炉渣,杂填土以及 I_L 小于 1、孔隙比接近或大于 1 的含砂量较多的松软黏性土),如其厚度较大,用砂垫层处理施工困难时,可考虑采用砂桩深层挤密法,以提高地基承载力,减少沉降量和增强抗液化能力。对于厚度大的饱和软黏土地基,由于土的渗透性小,此法加固不易将土挤密实,还会破坏土的结构强度,主要起到置换作用,加固效果不大,宜考虑采用其他加固方法如砂井预压、高压喷射、深层搅拌法等。下面介绍常用的挤密砂桩法、夯(压)实法和振动法三类。

一、挤密砂桩法

挤密砂(或砂石)桩法是用振动、冲击或打入套管等方法在地基中成孔(孔径一般为300～600mm),然后向孔中填入含泥量不大于5%的中、粗砂、粉、细砂料,同时掺入25%～35%碎石或卵石,再加以夯挤密实形成土中桩体从而加固地基的方法。对松散的砂土层,砂桩的加固机理有挤密作用、排水减压作用和砂土地基预振作用。对于松软黏性土地基,主要通过桩体的置换和排水作用加速桩间土的排水固结,并形成复合地基,提高地基的承载力和稳定性,改善地基土的力学性质。对于砂土与黏性土共同形成的地基及冲填土,砂桩也能起到一定的挤实加固作用。砂桩适用于挤密松散砂土、素填土和杂填土地基。对饱和黏土地基,如不以沉降控制,也可采用砂桩处理。砂桩内填料宜用砾砂、粗砂、中砂、圆砾、角砾、卵石、碎石等,填料中含泥量不应大于5%,并不宜含有粒径大于50mm的粒料。

砂桩直径可采用0.3～0.8m,需根据地基土质和成桩设备确定。对饱和黏性土地基宜选用较大直径。

砂桩挤密地基宽度应超出基础宽度,每边放宽宜为1～3排。砂桩用于防止砂层液化时,每边放宽不宜小于处理深度的1/2,并不宜小于5m;当可液化层上覆盖有厚度大于3m的非液化层时,每边放宽不宜小于液化层厚度的1/2,但不应小于3m。

布桩方式主要取决于基础形式和基础尺寸,不同的布桩方式对桩的置换作用并无影响,但对桩土间的挤密作用有差异。对单独基础和条形基础常等边三角形布桩,对圆形基础常采用整片地基处理时宜按正三角形、等腰三角形或梅花形布桩。砂桩的中距应通过现场试验确定,但不宜大于砂桩直径的4倍(如图5-6所示)。

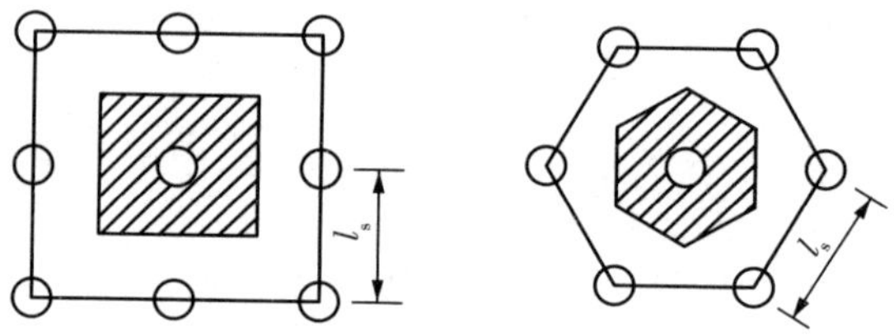

图5-6　砂桩的布置及中距

a)正方形;b)等边三角形

除用砂作为挤密填料外,还可用碎石、石灰、二灰(石灰、粉煤灰)、素土等填实桩孔。石灰、二灰还有吸水膨胀及化学反应而挤密软弱土层的作用。这类桩的加固原理与设计方法与砂桩挤密法相同。

二、夯(压)实法

夯(压)实法对砂土地基及含水率在一定范围内的软弱黏性土可提高其密实度和强度,减少沉降量,此法也适用于加固杂填土和黄土等。按采用夯(压)实手段的不同,夯实法对浅层土或深层土起加固作用,如对浅层处理的换土垫层夯实和重锤夯实以及深层处理的强夯(也称动力固结法)。

1. 重锤夯实法

重锤夯实法是运用起重机械将重锤(一般不轻于 1.5t)提到一定高度(3～4m),然后锤自由落下,这样重复夯击地基,使表层土(在一定深度内)由于夯击密实而提高强度。它适用于稍湿的黏性土、部分杂填土、湿陷性黄土等,是一种浅层的地基加固方法。

重锤的式样常为一截头圆锥体(图 5－7),重为 1.5～3t,锤底直径 0.7～1.5m,锤底面自重静压力为 15～25kPa,落距一般采用 2.5～4.0m。

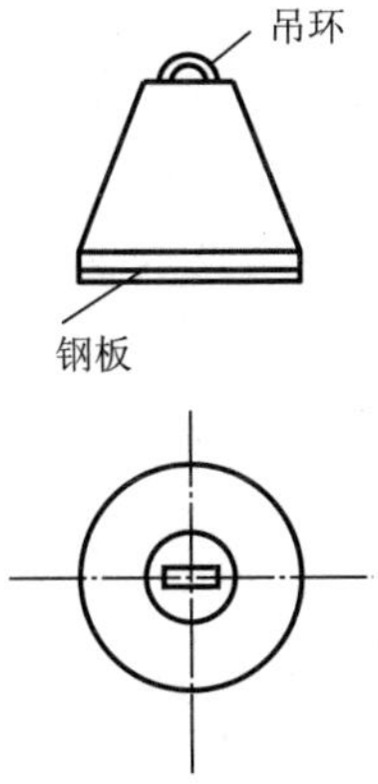

图 5－7　夯锤

重锤夯实的有效影响深度与锤重、锤底直径、落距及地质条件有关。为达到预期加固密实度和深度,应在现场进行试夯,确定需要的落距、夯击遍数等。

夯击时,土的饱和度不宜太高,地下水位应低于击实影响深度,在此深度范围内也不应有饱和的软弱下卧层,否则会出现"橡皮土"现象,严重影响夯实效果。含水率过低,消耗的夯击能量较大,还往往达不到预期效果。一般含水率应尽量控制接近击实土的最佳含水率或控制在塑液限之间而稍接近塑限,也可由试夯确定含水率与锤击能量的规律,以求能用较少的夯击遍数达到预期的设计加固深度和密实度,从而指导施工。一般夯击遍数不宜超过 8～12 遍,否则应考虑增加锤重、落距或调整土层含水率。

重锤夯实法加固后的地基应经静载试验确定其承载力,需要时还应对软弱下卧层承载力及地基沉降进行验算。

2. 强夯法

强夯法,亦称为动力固结法,是一种将较大的重锤(一般为 5～10t)从 6～20m 高处(最高达 40m)自由落下,对较厚的软土层进行强力夯实的地基处理方法,如图 5－8 所示。

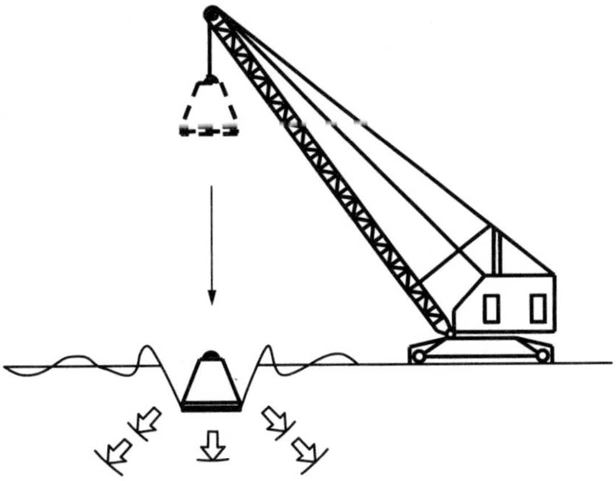

图 5－8　强夯法示意图

它的显著特点是夯击能量大,因此影响深度也大。另对它还具有工艺简单、施工速度快、费用低、适用范围广、效果好等优点。

强夯法适用于碎石类土、杂填土、低饱和粉土和黏土、湿陷性黄土等地基的加固,效果较好。对于高饱和软黏土(淤泥及淤泥质土),强夯处理效果较差,但若结合夯坑内回填块石、碎石或其他粗粒料,强行夯入形成复合地基(称为强夯置换),处理效果较好。

强夯法虽然在实践中已被证实是一种较好的地基处理方法,但其加固机理研究尚待完善。

目前对强夯加固机理根据土的类别和强夯施工工艺的不同分为三种加固机理:

(1)动力挤密

在冲击型荷载作用下,在多孔隙、粗颗粒、非饱和土中,土颗粒发生相对位移,孔隙中气体被挤出,从而使得土体的孔隙减小、密实度增加、强度提高以及变形减小。

(2)动力固结

在饱和的细粒土中,土体在夯击能量作用下产生孔隙水压力使土体结构被破坏,土颗粒间出现裂隙,形成排水通道,渗透性改变。随着孔隙水压力的消散,土开始密实,抗剪强度、变形模量增大。在夯击过程中同时伴随土中气体体积的压缩,触变的恢复,黏粒结合水向自由水转化等。

(3)动力置换

在饱和软黏土特别是淤泥及淤泥质土中,通过强夯将碎石填充于土体中,形成复合地基,从而提高地基的承载力。

强夯法施工前,应先在现场进行原位试验(旁压试验、十字板试验、触探试验等),取原状土样测定含水率、塑限液限、粒度成分等,然后在实验室进行动力固结试验或现场进行试验性施工,以取得有关数据。为按设计要求(地基承载力、压缩性、加固影响深度等)确定施工时每一遍夯击的最佳夯击能、每一点的最佳夯击数、各夯击点间的间距以及前后两遍锤击之间的间歇时间(孔隙承压力消散时间)等提供依据。

强夯法施工过程中还应对现场地基土层进行一系列对比的观测工作,包括地面沉降测定,孔隙水压力测定,侧向压力、振动加速度测定等。对强夯加固后效果的检验可采用原位测试的方法,如现场十字板、动力触探、静力触探、载荷试验、波速试验等;也可采用室内常规试验、室内动力固结试验等。

近年来国内外已有采用强夯法作为软土的置换手段,用强夯法将碎石挤入软土形成碎石垫层或间隔夯入形成碎石墩(桩),构成复合地基,且已有相关的行业规范。

强夯法除了尚无完整的设计计算方法,施工前后及施工过程中需进行大量测试工作外,还有诸如噪声大、振动大等缺点,不宜在建筑物或人口密集处使用;加固范围较小($5000m^2$)时采用不经济。

三、振冲法

振冲法主要的施工机具是振冲器、吊机和水泵。振冲器是一个类似于插入式混凝土振捣器的机具,其外壳直径为0.2~0.45m,长2~5m,重2~5t,筒内主要由一组偏心块、潜水电机和通水管三部分组成,如图5-9所示。

振冲器有两个功能,一是产生水平向振动力(40~90kN)作用于周围土体,二是从端部和侧部进行射水和补给水。振动力是加固地基的主要因素,射水起协助振动力在土中使振冲器钻进成孔,并在成孔后清孔及实现护壁作用。

施工时，振冲器由吊车或卷扬机就位后(图 5－10)，打开下喷水口，启动振冲器，在振动力和水冲作用下，在土层中形成孔洞，直至设计高程。然后经过清孔，用循环水带出孔中稠泥浆后，向桩孔逐段添加填料(粗砂、砾砂、碎石、卵石等)，填料粒径不宜大于 80mm，碎石常用 20～50mm，每段填料均在振冲器振动作用下振挤密实，达到要求密实度后就可以上提。重复上述操作直至地面，从而在地基中形成一根具有相当直径的密实桩体，同时孔周围一定范围的土也被挤密。孔内填料的密实度可以从振动所耗的电量来反映，通过观察电流变化来控制。不加填料的振冲法仅适用于处理黏粒含量不大于 10%的粗砂、中砂地基。

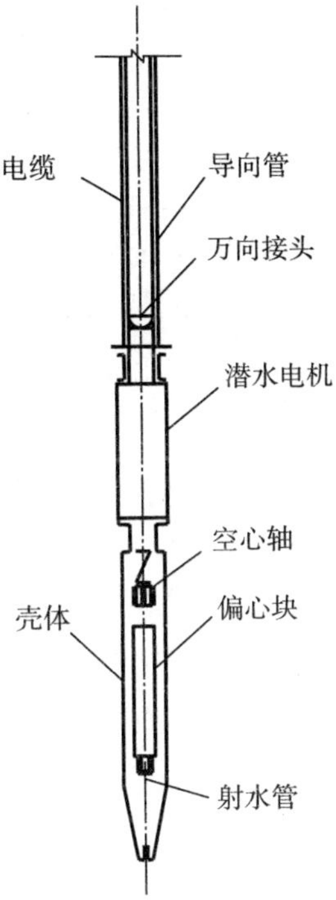

图 5－9　振冲器构造示意图

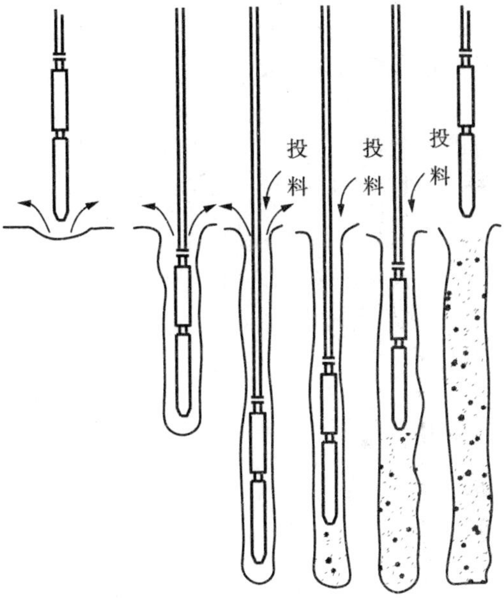

图 5－10　振冲施工过程

振冲法的显著优点是用一个较轻便的机具，将强大的水平振动(有的振冲器也附有垂直向的振动)直接递送到深度可达 20m 左右的软弱地基内，施工设备较简单，操作方便，施工速度快，造价较低。缺点是加固地基时要排出大量的泥浆，环境污染比较严重。

振冲法根据其加固机理不同，可分为振冲置换和振冲密实两类。

1. 对砂类土地基

振动力除直接将砂层挤压密实外，还向饱和砂土传播加速度，因此在振冲器周围一定范围内砂土产生振动液化。一方面，液化后的土颗粒在重力、上覆土压力及外添填料的挤压下重新排列变得密实，空隙比大为减小，从而提高地基承载力及抗震能力；另一方面，依靠振冲器的重复水平振动力，在加回填料情况下，通过填料使砂层挤压密实。

2. 对黏性土地基

软黏性土透水性很低，振动力并不能使饱和土中孔隙水迅速排除而减小孔隙比，振动力主要是把添加料振密并挤压到周围黏土中去形成粗大密实的桩柱，桩柱与软黏土组成复合地基。

复合地基承受荷载后，由于地基土和桩体材料的变形模量不同，故土中应力集中到桩柱上，从而使桩周软土负担的应力相应减少。与原地基相比，复合地基的承载力得到提高。

振冲法处理地基最有效的土层为砂类土和粉土；其次为黏粒含量较小的黏性土；对于黏粒含量大于30%的黏性土，则挤密效果明显降低，主要是产生置换作用。

振冲桩加固砂类土的设计计算，类似于挤密砂桩的计算，即根据地基土振冲挤密前后空隙比进行；对黏性土地基应按复合地基理论进行，另外也可通过现场试验取得各项参数。

振冲法加固砂性土地基，宜在加固半个月后进行效果检验，黏性土地基则至少要一个月后才能进行。检验方法可采用静载试验、标准贯入试验、静力触探或土工试验等方法，对加固前后进行对比。

5-2-4 化学固化法

化学固化法是在软土地基土中掺入水泥、石灰等，用喷射、搅拌等方法使与土体充分混合固化；或把一些能固化的化学浆液（水泥浆、水玻璃、氯化钙溶液等）注入地基土孔隙，以改善地基土的物理力学性质，达到加固目的。按加固材料的状态可分为粉体类（水泥、石灰粉末）和浆液类（水泥浆及其他化学浆液）。按施工工艺可分为低压搅拌法（粉体喷射搅拌桩、水泥浆搅拌桩）、高压喷射注浆法（高压旋喷桩等）和胶结法（灌浆法、硅化法）三类，下面分别予以介绍。

一、粉体喷射搅拌（桩）法和水泥浆搅拌（桩）法

深层搅拌法是用于加固饱和软黏土地基的一种新颖方法，它是通过深层搅拌机械，在地基深处就地利用固化剂，与软土之间所产生的一系列物理化学反应，使软土固化成具有整体性、水稳性和一定强度的桩体，其与桩间土组成复合地基。固化剂主要采用水泥、石灰等材料，与砂类土或黏性土搅拌均匀，在土中形成竖向加固体。它对提高软土地基承载能力，减小地基的沉降量有明显效果。当采用的固化剂形态为浆液固化剂时，常称为水泥浆搅拌桩法；当采用粉状固化剂时，常称粉体喷射搅拌（桩）法。这两者的加固原理、设计计算方法和质量检验方法基本一致，但施工工艺有所不同。

1. 粉体喷射搅拌法（粉喷桩法）

粉体喷射搅拌法是通过专用的施工机械，将搅拌钻头下沉到预计孔底后，用压缩空气将固化剂（生石灰或水泥粉体材料）以雾状喷入加固部位的地基土，凭借钻头和叶片旋转使粉体加固料与软土原位搅拌混合，自下而上边搅拌边喷粉，直到设计停灰高程。为保证质量，可再次将搅拌头下沉至孔底，重复搅拌。

粉体喷射搅拌法的优点是以粉体作为主要加固料，不需向地基注入水分，因此加固后地基土初期强度高，可以根据不同土的特性、含水率、设计要求合理选择加固材料及配合比，对于含水率较大的软土，加固效果更为显著；施工时不需高压设备，安全可靠，如严格遵守操作规程，可避免对周围环境产生污染、振动等不良影响。缺点是由于目前施工工艺的限制，加固深度不能过深，一般为8～15m。粉体喷射搅拌法的加固机理因加固材料的不同

而稍有不同。当采用石灰粉体喷搅加固软黏土时,其原理与公路常用的石灰加固土基本相同。石灰与软土主要发生如下作用:石灰的吸水、发热、膨胀作用,离子交换作用,碳酸化作用(化学胶结反应),火山灰作用(化学凝胶作用)以及结晶作用。这些作用使土体中水分降低,土颗粒凝聚而形成较大团粒,同时土体化学反应生成复合的水化物 $4CaO \cdot Al_2O_3 \cdot 13H_2O$ 和 $2CaO \cdot Al_2O_3 \cdot SiO_2 \cdot 6H_2O$ 等在水中逐渐硬化,而与土颗粒黏结在一起,从而提高了地基土的物理力学性质。当采用水泥作为固化剂材料时,其加固软黏土的原理是在加固过程中发生水泥的水解和水化反应(水泥水化成 $Ca(OH)_2$、含水硅酸钙、含水铝酸钙、含水铁铝酸钙等化合物,在水中和空气中逐渐硬化)、黏土颗粒与水泥水化物的相互作用(水泥水化生成钙离子与土粒的钠、钾离子交换使土粒形成较大团粒的硬凝反应)和碳酸化作用(水泥水化物中游离的 $Ca(OH)_2$ 吸收 CO_2 生成不溶于水的 $CaCO_3$)三个过程。这些反应使土颗粒形成凝胶体和较大颗粒,颗粒间形成蜂窝状结构,生成稳定的不溶于水的结晶化合物,从而提高软土强度。

石灰、水泥粉体加固形成的桩柱的力学性质变化幅度相差较大,主要取决于软土特性、掺加料种类、质量、用量、施工条件及养护方法等。石灰用量一般为干土重的 6%~15%,软土含水率以接近液限时效果较好,水泥掺入量一般为干土重的 5%以上(通常为 7%~15%)。粉体喷射搅拌法形成的粉喷桩直径为 50~100cm,加固深度为 8~15m。石灰粉体形成的加固桩柱体抗压强度可达 800kPa,压缩模量为 20000~30000kPa;水泥粉体形成的桩柱体抗压强度可达 5000kPa,压缩模量为 100000kPa 左右,地基承载力一般提高 2~3 倍,减少沉降量 1/3~2/3。

粉体喷射搅拌桩施工作业顺序如图 5-11 所示。

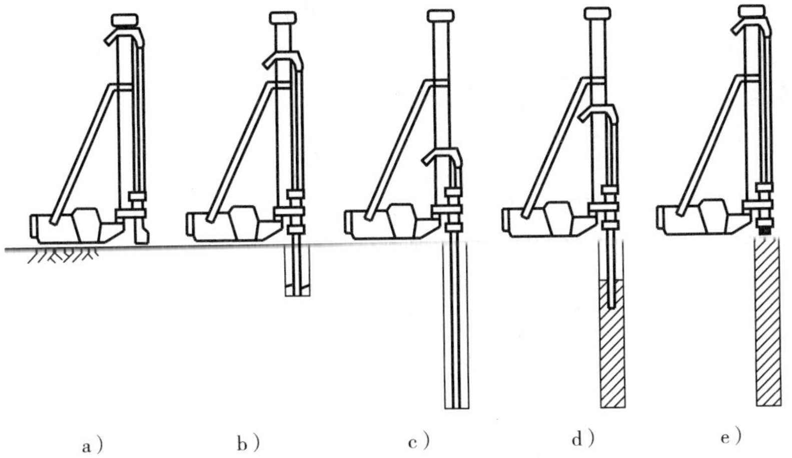

图 5-11 粉体喷射搅拌施工作业顺序

a)搅拌机对准桩位;b)下钻;c)钻进结束;d)提升喷射搅拌;e)提升结束

施工结束后,对加固的地基应作质量检验,包括标准贯入试验、取芯抗压试验、载荷试验等。桩柱体的强度、压缩模量、搅拌的均匀性以及尺寸均应符合设计要求。

我国粉体材料资源丰富,粉体喷射搅拌法常用于公路、铁路、水利、市政、港口等工程软土地基的加固,较多用于边坡稳定及筑成地下连续墙或深基坑支护结构。被加固软土中有机质含量不应过多，否则效果不大。

2. 水泥浆搅拌法(深搅桩法)

水泥浆搅拌法是用回转的搅拌叶将压入软土内的水泥浆与周围软土强制拌和形成水泥加固体。搅拌机由电动机、中心管、输浆管、搅拌轴和搅拌头组成，并有灰浆搅拌机、灰浆泵等配套设备。我国生产的搅拌机现有单搅头和双搅头两种，加固深度达 15～18m，形成的桩柱体直径 60～80cm(双搅头形成 8 字形桩柱体)。

水泥浆搅拌法加固原理基本和水泥粉喷搅拌桩相同，与粉体喷射搅拌法相比有其独特的优点：

(1)加固深度加深；

(2)由于将固化剂和原地基软土就地搅拌，因而最大限度地利用了原土；

(3)搅拌时不会侧向挤土，环境效应较小。

施工顺序大致为：在深层搅拌机起吊就位后，搅拌机先沿导向架切土下沉；下沉到设计深度后开启灰浆泵将制备好的水泥浆压入地基；边喷边旋转搅拌头并按设计确定的提升速度，进行提升、喷浆、搅拌作业，使软土与水泥浆搅拌均匀，提升到上面设计高程后再次控制速度将搅拌头搅拌下沉，到设计加固深度再搅拌提升出地面。为控制加固体的均匀性和加固质量，施工时应严格控制搅拌头的提升速度，并保证喷压阶段不出现断桩现象。

加固形成桩柱体强度与加固时所用水泥标号、用量、被加固土含水率等有密切关系，应在施工前通过现场试验取得有关数据。一般用 42.5 级水泥，水泥用量为加固土干容重的 2%～15%，三个月龄期试块变形模量可达 75000kPa 以上，抗压强度为 1500～3000kPa(加固软土含水率 40%～100%)。按复合地基设计计算加固软土地基可提高承载力 2～3 倍以上，沉降量减少，稳定性也明显提高，而且施工方便，是目前公路、铁路厚层软土地基加固常用技术措施的一种，也用于深基坑支护结构、港口码头护岸等。。由于水泥浆与原地基软土搅拌结合对周围建筑物影响很小，施工无振动噪声，对环境无污染，更适用于市政工程。但不适用于含有树根、石块等的软土层。

二、高压喷射注浆法

高压喷射注浆法是 20 世纪 60 年代后期由日本提出的，我国在 70 年代开始用于桥墩、房屋等地基处理。它是利用钻机将带有喷嘴的注浆管钻进至土层的预定位置后，以 20MPa 左右的高压将加固用浆液(一般为水泥浆)从喷嘴喷射出冲击土层，土层在高压喷射流的冲击力、离心力和重力等作用下，与浆液搅拌混合，浆液凝固后，便在土中形成一个固结体。

高压喷射注浆法按喷射方向和形成固体的形状可分为旋转喷射、定向喷射和摆动喷射三种。旋转喷射时喷嘴边喷边旋转和提升，固结体呈圆柱状，主要用于加固地基；定向喷射喷嘴边喷边提升，喷射定向的固结体呈壁状；摆动喷射固结体呈扇状墙，后两种方式常用于基坑防渗和边坡稳定等工程。按注浆的基本工艺可分为单管法(浆液管)、二重管法(浆液管和气管)、三重管法(浆液管、气管和水管)和多重管法(水管、气管、浆液管和抽泥浆管等)。

高压喷射注浆法适用于砂类土、黏性土、湿陷性黄土、淤泥和人工填土等多种土类，加固直径(厚度)为 0.5～1.5m，固结体抗压强度加固软土为 5～10MPa，加固砂类土为 10～

20MPa。对于砾石粒径过大，含腐殖质过多的土加固效果较差；对地下水流较大，对水泥有严重腐蚀的地基土也不宜采用。

旋喷法加固地基的施工程序如图 5-12 所示，图中①表示钻机就位后先进行射水试验；②③表示钻杆旋转射水下沉，直到设计高程为止；④⑤表示压力升高到 20MPa 喷射浆液，钻杆约以 20r/min 旋转，提升速度约每喷射 3 圈提升 25～50mm，这与喷嘴直径，加固土体所需加固液量有关(加固液量经试验确定)；⑥表示已旋喷成桩，再移动钻机重新以②～⑤程序进行加固土层。旋喷桩的平面布置可根据加固需要确定，当喷嘴直径为 1.5～1.8mm，压力为 20MPa 时，形成的固结桩柱体的有效直径可参考下列经验公式估算。

对于标准贯入击数 N 为 0～5 的黏性土：

$$D=\frac{1}{2}-\frac{1}{200}N^2 \tag{5-8}$$

对于 $5<N\leqslant 15$ 的砂类土：

$$D=\frac{1}{1000}(350+10N-N^2) \tag{5-9}$$

此法因加固费用较高，我国只在其他加固方法效果不理想的情况下考虑选用。

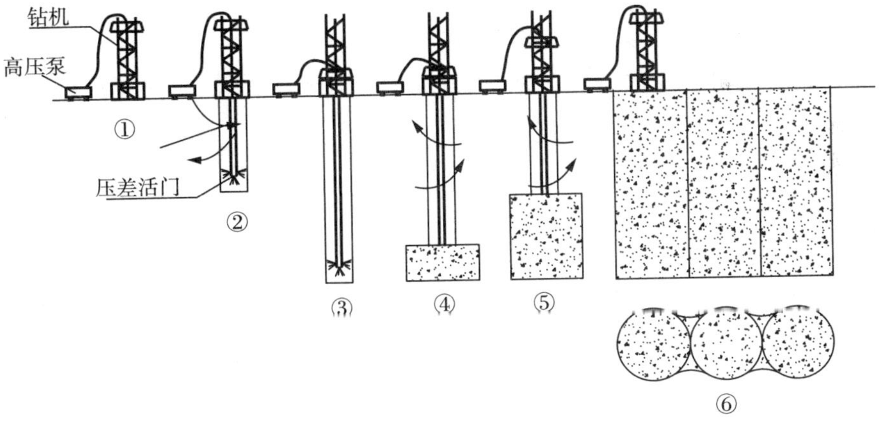

图 5-12　旋喷法施工程序

5-2-5　土工合成材料加筋法

目前，土工合成新材料中，具有代表性的有土工格栅、土工网等及其组合产品。在近 20 年中，这类材料相继在岩土工程中应用获得成功，成为建材领域中继木材、钢材和水泥之后的第四大类材料，目前已成为土工加筋法中最具代表性的加筋材料，被誉为岩土工程领域的一次“革命”，并形成岩土工程学科中的一个重要的分支。

土工合成材料一般具有多功能的特性，在实际应用中，往往是一种功能起主导作用，而其他功能则不同程度地发挥辅助作用。土工合成材料的功能包括隔离、加筋、反滤、排水、防渗和防护六大类。各类土工合成材料应用中的主要功能见表 5－4。

表 5－4 各类土工合成材料的主要功能

类型＼功能	土工合成材料的功能分类					
	隔离	加筋	反滤	排水	防渗	防护
土工织物(GT)	P	P	P	P	P	S
土工格栅(GG)		P				
土工网(GN)				P		P
土工膜(GM)	S				P	S
土工垫块(GCL)	S				P	
复合土工材料(GC)	P 或 S	P 或 S	P 或 S	P 或 S	P 或 S	P 或 S

注:P 表示主要功能,S 表示辅助功能。

一、土工合成材料的排水反滤作用

用土工合成材料代替砂石做反滤层,能起到排水反滤作用。

1. 排水作用

具有一定厚度的土工合成材料具有良好的三维透水特性,利用这一特性可以使水经过土工合成材料的平面迅速沿水平方向排走,也可和其他排水材料(如塑料排水板等)共同构成排水系统或深层排水井,如图 5－13 所示为土工合成材料应用实例。

2. 反滤作用

在渗流出口铺设土工合成材料作为反滤层,这和传统的砂砾石滤层一样,均可以提高被保护土的抗渗强度。

多数土工合成材料在单向渗流的情况下,紧贴在土体中,发生细颗粒逐渐向滤层移动,同时还有部分细颗粒通过土工合成材料被带走,遗留下来的是较粗的颗粒,从而与滤层相邻一定厚度的土层逐渐自然形成一个反滤带和一个骨架网,阻止土粒的继续流失,最后趋于稳定平衡。亦即土工合成材料与其相邻接触部分土层共同形成了一个完整的反滤系统,如图 5－13 所示。具有这种排水作用的土工合成材料,要求在平面方向有较大的渗透系数。

具有相同孔径尺寸的无纺土工合成材料和砂的渗透性大致相同,但土工合成材料的空隙比砂高得多;其密度约为砂的 1/10,因而当它与砂具有相同的反滤特征时,则所需的质量要比砂少 90%。此外,土工合成材料滤层的厚度为砂砾反滤层的 1/100～1/1000,之所以能如此,是因为土工合成材料的结构保证了它的连续性。

此外,土工合成材料如放在两种不同的材料之间,或用在同一材料不同粒径之间以及地基于基础之间会起到隔离作用,不会使两者之间相互混杂,从而保持材料的整体结构和功能。

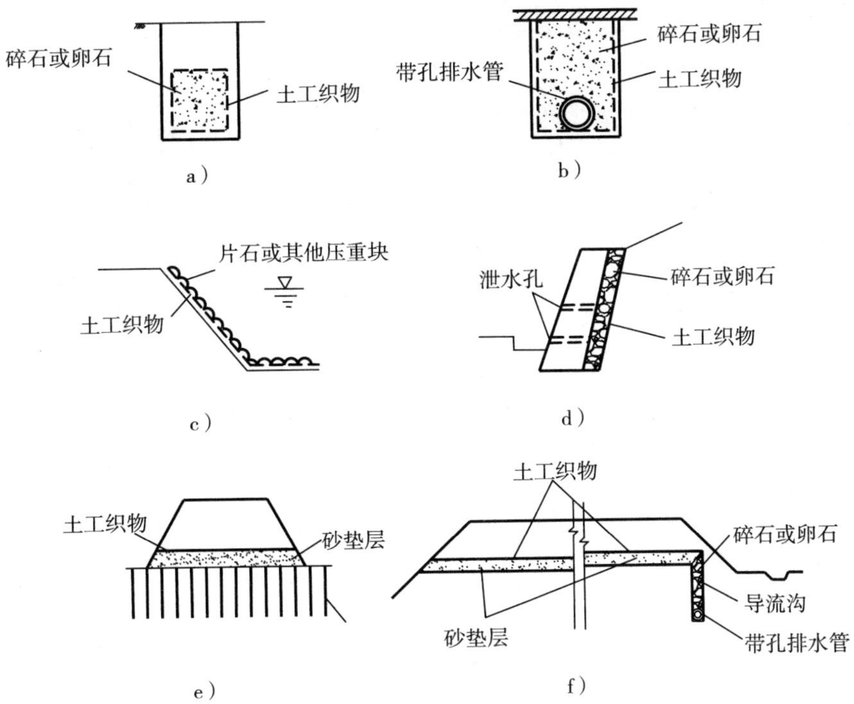

图 5-13　土工合成材料用于排水过滤的典型实例

a)暗沟；b)渗沟；c)地面防护；d)支挡结构壁墙后排水；

e)软基路堤地表排水垫层；f)处治翻浆冒泥和季节性冻土的导流沟

二、合成材料的加筋作用

当土工合成材料用作土体加筋时，其基本作用是给土体提供抗拉强度。其应用范围有土坡和堤坝、地基、挡土墙。

由于土工合成材料有较高的强度和韧性等力学性能，且能紧贴于地基表面，所以能使其上部施加的荷载均匀分布在地层中。当地基可能产生冲切破坏时，铺设的土工合成材料将阻止破坏面的出现，从而提高地基承载力。当受集中荷载作用时，在较大的荷载作用下，高模量的土工合成材料受力后将产生垂直分力，抵消部分荷载。根据国内新港筑防波堤的经验，沉入软土中的体积竟等于防波堤的原设计断面，由于软土地基的扭性流动，铺垫土周围的地基即向侧面隆起。如将土工合成材料铺设在软土地基的表面，由于其承受拉力和土的摩擦作用而增大侧向限制，阻止侧向挤出，从而减小变形和增大地基的稳定性。在沼泽地，泥炭土和软黏土上建造临时道路是土工合成材料最重要的用途之一。

利用土工合成材料在建筑物地基中加筋作用已开始在我国大型工程中应用。根据实测的结果和理论分析，认为土工合成材料加筋垫层的加固原理主要是：

(1)增强垫层的整体性和刚度，调整不均匀沉降；

(2)扩散应力，由于垫层刚度增大的影响，扩大了荷载扩散的范围，使应力均匀分布；

(3)约束作用，亦即约束下卧软弱土地基的侧向变形。

三、土工合成材料在应用中的问题

1. 施工方面

(1)铺设土工合成材料时应注意均匀平整;在斜坡上施工时应保持一定的松紧度;在护岸工程坡面上铺设时,上坡段土工合成材料应搭接在下坡段土工合成材料之上。

(2)对土工合成材料的局部地方,不要加过重的局部应力。如果用块石保护土工合成材料施工时应将块石轻轻铺放,不得在高处抛掷,块石下落的高度大于1m时,土工合成材料很可能被击破。如块石下落的情况不可避免时,应在土工合成材料上先铺砂层保护。

(3)土工合成材料用于反滤层作用时,要求保证连续性,不使其出现扭曲、折皱和重叠。

(4)在存放和铺设过程中,应尽量避免长时间的曝晒而使材料劣化。

(5)土工合成材料的端部要先铺填,中间后填,端部锚固必须精心施工。

(6)不要使推土机的刮土板损坏所铺填的土工合成材料。当土工合成材料受到损坏时,应予以立即修补。

2. 连接方面

土工合成材料是按一定规格的面积和长度在工厂进行定型生产,因此这些材料运到现场后必须进行连接。连接时可采用搭接、缝合、胶结或U形钉钉住等方法(图5-14)。

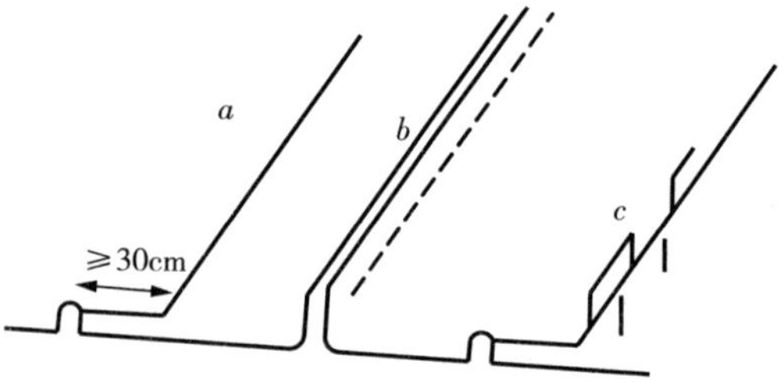

图5-14 土工合成材料连接方法

采用搭接法时,搭接必须保证足够的长度,一般在0.3～1.0m。坚固水平的路基一般药0.2m,软而不平的路基则需1m。在搭接处应尽量避免受力,以防土工合成材料移动。搭接法施工简便,但用料较多。

缝合法是指用移动式缝合机,将尼龙或涤纶线面对面缝合,缝合处的强度一般可达纤维强度的80%。缝合法节省材料,但施工费时。

3. 材料方面

土工合成材料在使用中应防止曝晒和被污染,在作为加筋土中的筋带使用时,应具有较高的强度,受力后变形小,能与填料产生足够的摩擦力,抗腐蚀性和抗老化性好。

5-2-6 几个常见问题的处理

一、冲填土地基

冲填土主要分布在我国上海黄浦江岸边、天津海河两岸、珠江三角洲等地。这种土的特点是含水率大，呈流塑状态，强度低，压缩性高为可液化土。处理方法：对含砂量少的冲填土可采用井点降水处理，使其固结，提高地基承载力。黏粒含量高的冲填土，用电渗井点降水处理，效果好。上述各类处理方法也可应用比较。含砂量高的冲填土，因土中水容易排出，可不处理。

二、杂填土地基

城市地表的杂填土是人类活动堆填的无规则填土，其成分复杂、厚薄不均、软硬不同、期龄不等、含腐殖质。薄层通常挖除。厚层杂填土挖除工程量大，不经济。我国各地积累了很多宝贵经验，例如，江浙一带采用表层片石挤密桩；西安用灰土挤密桩；福建用重锤夯实；天津用振动压实等都有成效。近年来，苏州、南京等地大量采用不埋式筏板基础，在碾压后的杂填土上建5～6层住宅效果良好。不需开挖基坑外运杂填土，省劳力，节约资金，工期短，很受欢迎，值得推广。若在空旷地区，强夯法是经济可靠的方法。

三、局部软土、暗沟处理

地基中常遇到局部软土、暗沟、水井、古墓等，应视其范围与深度采取相应的措施。如局部软弱层较薄，则可加深基础解决。遇局部软土很厚，可用块石挤密法并用钢筋混凝土梁跨越。例如，清华大学南12楼、教师5层住宅和学生宿舍7层22号楼施工验槽时，发现有古井，井内淤泥很深，经挖除部分淤泥，用块石挤密、卵石压实办法处理，效果良好。

四、大面积地面堆载

有时厂房和仓库需大面积堆放原料和产品，且堆放的范围与数量经常变化，由此造成地面凹陷，基础产生不均沉降、吊车卡轨、墙柱倾斜、开裂以及破坏地下管线。对此问题，可采用砂井真空预压加固处理，厂房基础可打斜桩处理。

【学习实践】

1. 工程中常采用的地基处理方法可分为哪几类？概述各类地基处理方法的特点及适用条件。
2. 试从基底的应力状态来说明换土垫层法地基处理的原理。
3. 换土垫层的厚度和宽度如何确定？应验算哪些内容？
4. 挤密桩的作用是什么？
5. 试述排水固结法加固地基的机理。
6. 简述各种搅拌(桩)法各自的适用条件、加固机理。
7. 目前国内地基处理的新方法和新工艺的发展趋势有哪些？

【实践过程】

【学习心得】

通过本节的学习,我的体会有……………………………………………………

……………………………………………………………………………………

……………………………………………………………………………………

……………………………………………………………………………………

……………………………………………………………………………………

……………………………………………………………………………………

……………………………………………………………………………………

……………………………………………………………………………………

……………………………………………………………………………………

……………………………………………………………………………………。

参考文献

[1] 陈明宪,郑夏初,涂萍,等. 铜陵长江公路大桥深水基础施工特点[J]. 桥梁建设,1995(1):16-21.

[2] 游庆仲,董学武,吴寿昌. 苏通大桥基础工程的挑战与创新[J]. 中国工程科学,2007(6):22-26.

[3] 李维洲. 杭州湾大桥海上大直径钻孔桩施工技术[J]. 交通工程建设,2008(4):15-19.

[4] 王为凯. 芜湖长江大桥 3.2m 直径钻孔桩施工技术[J]. 建筑施工,2001,23(3):145-146.

[5] 周民侠,范应心. 谈谈西江大桥 4 号墩双承台钢管柱基础的几个施工问题[J]. 桥梁建设,1983(2):15-22.

[6] 中华人民共和国建设部. 建筑基桩检测技术规范:JGJ 106—2003[S]. 北京:中国建筑工业出版社,2004.

[7] 中华人民共和国交通运输部. 基桩静载试验 自平衡法:JT/T 738—2009[S]. 北京:人民交通出版社,2009.

[8] 中华人民共和国交通运输部. 公路桥涵设计通用规范:JTG D60—2015[S]. 北京:人民交通出版社,2015.

[9] 中华人民共和国交通运输部. 公路圬工桥涵设计规范:JTG D61—2005[S]. 北京:人民交通出版社,2005.

[10] 中华人民共和国交通运输部. 公路桥涵地基与基础设计规范:JTG D63—2007[S]. 北京:人民交通出版社,2007.

[11] 中华人民共和国交通运输部. 公路工程基桩动测技术规程:JTG/T F81-01—2004[S]. 北京:人民交通出版社,2004.

[12] 中华人民共和国交通运输部. 公路桥涵施工技术规范:JTG/T F50—2011[S]. 北京:人民交通出版社,2011.

[13] 中华人民共和国交通运输部. 公路工程质量检验评定标准(土建工程):JTG F80/1—2004[S]. 北京:人民交通出版社,2004.

[14] 陈方晔. 基础工程[M]. 2 版. 北京:人民交通出版社,2008.

[15] 姜仁安,郭梅,王东杰. 基础工程[M]. 北京:人民交通出版社,2008.

[16] 刘自明. 桥梁深水基础[M]. 北京:人民交通出版社,2003.

[17] 徐维钧. 桩基施工手册[M]. 北京:人民交通出版社,2007.

[18] 冯忠居,谢永利,上官兴. 大直径钻埋预应力混凝土空心桩[M]. 北京:人民交通出版社,2005.

[19] 龚维明,戴国亮．桩承载力自平衡测试技术及工程应用[M]. 北京:中国建筑工业出版社,2006.
[20] 罗骐先．桩基工程检测手册[M].2版．北京:人民交通出版社,2004.
[21] 中交第一公路工程局有限公司．公路工程施工工艺标准:桥涵[M]. 北京:人民交通出版社,2007.
[22] 徐宏,何森．公路基础工程试验检测技术手册[M]. 北京:人民交通出版社,2009.
[23] 龚维明,戴国亮,黄生根．大型深水桥梁钻孔桩桩端后压浆技术[M]. 北京:人民交通出版社,2009.
[24] 李自光．桥梁施工成套机械设备[M]. 北京:人民交通出版社,2003.
[25] 陈书申,陈晓平．土力学与地基基础[M].3版．武汉:武汉理工大学出版社,2006.
[26] 淄博金城建工有限公司．建筑分项工程施工工艺标准:地基与基础部分[M].2003.
[27] 陈希哲．土力学与地基基础[M].4版．北京:清华大学出版社,2004.
[28] 冯忠居．基础工程[M]. 北京:人民交通出版社,2001.
[29] 赵明华．土力学与基础工程[M].2版．武汉:武汉理工大学出版社,2007.
[30] 刘辉,赵晖．基础工程[M].2版．北京:人民交通出版社,2015.
[31] 陈晏松．基础工程[M]. 北京:人民交通出版社,2002.
[32] 杨天林．基础工程[M]. 北京:人民交通出版社,1999.
[33] 凌志平,易经武．基础工程[M]. 北京:人民交通出版社,1997.
[34] 中国公路行业协会．公路工程管理与实务复习题集[M]. 北京:中国建筑工业出版社,2011.
[35] JTG C30—2015,公路工程水文勘测设计规范[S].
[36] 徐俊．桥涵基础工程施工[M].2版．武汉:武汉理工大学出版社,2016.
[37] 张求书,高峰．土力学与地基基础[M].2版．北京:人民交通出版社,2018.

图书在版编目(CIP)数据

基础工程/杨爱武主编．—2版．—合肥：合肥工业大学出版社，2018.8
ISBN 978-7-5650-4093-1

Ⅰ.①基…　Ⅱ.①杨…　Ⅲ.①基础(工程)　Ⅳ.①TU47

中国版本图书馆CIP数据核字(2018)第195058号

基础工程(第2版)

主　编　杨爱武　　　　责任编辑　张择瑞

出　版	合肥工业大学出版社	**版　次**	2012年12月第1版 2018年8月第2版
地　址	合肥市屯溪路193号	**印　次**	2018年8月第4次印刷
邮　编	230009	**开　本**	787毫米×1092毫米　1/16
电　话	理工编辑部：0551-62903204 市场营销部：0551-62903198	**印　张**	12　　**字　数**　270千字
网　址	www.hfutpress.com.cn	**印　刷**	合肥现代印务有限公司
E-mail	hfutpress@163.com	**发　行**	全国新华书店

主编信箱　bzfym@yahoo.com.cn　　责编信箱/热线　zrsg2020@163.com　13965102038

ISBN 978-7-5650-4093-1　　　　定价：30.00元

如果有影响阅读的印装质量问题，请与出版社市场营销部联系调换